W0317966

NussKnacker 1

Mein Arbeitsheft

Herausgeber
Frank Lippmann, Auerbach/Vogtl.

Autoren
Frank Lippmann, Auerbach/Vogtl.
Marlies Wiesel, Leipzig

Mitautoren
Gudrun Häring, Binnen
Peter Herbert Maier, Karlsruhe
Uwe Neißl, Kraichtal

Berater
Frithjof Andersen, Leipzig
Jacqueline Goldmann, Neundorf
Kirsten Hoschke, Greußen
Silke Kriebel, Thiendorf
Katja Poser, Chemnitz
Anett Richter, Eisenberg

Ernst Klett Verlag
Stuttgart · Leipzig

Vorwissen: Was kann ich schon?

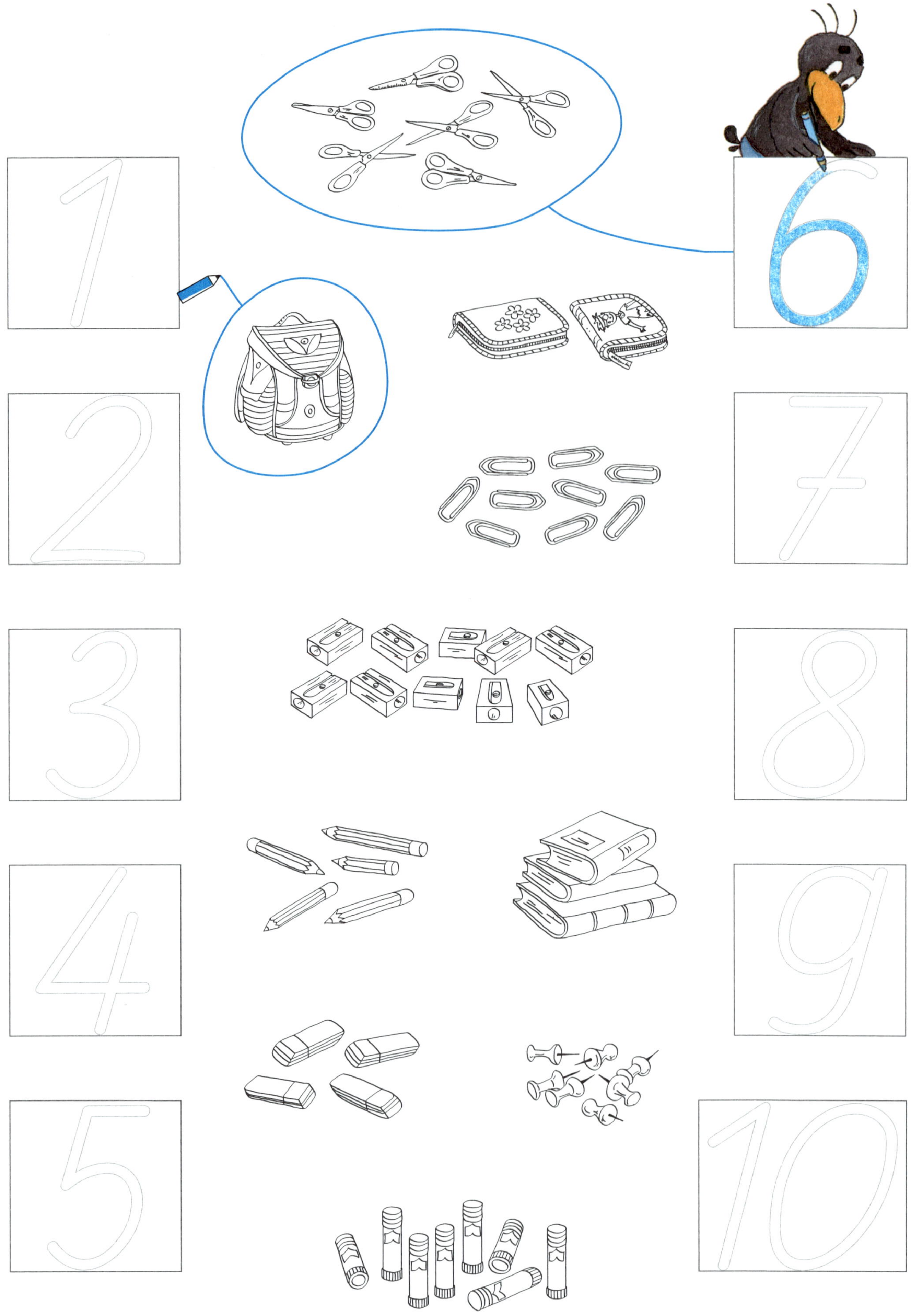

Mengen einkreisen und den Zahlen zuordnen. Ziffern nachspuren.

1

1

3

2

4

6

8

5

7

10

9

2

5

4

2

1

3

7

9

6

8

10

1 Fehlende Mengendarstellungen mit beliebigen Objekten ergänzen. **2** Fehlende Strichdarstellungen ergänzen.

SB 6–7 **KV** 11–19 36

Mehr – weniger – gleich viele

1

2

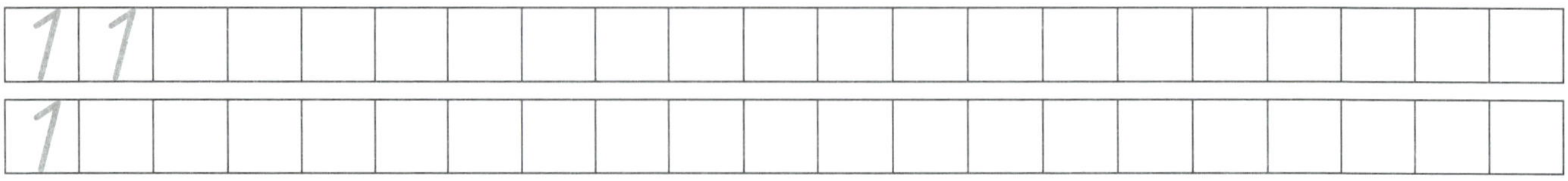

1, 2 Mengen durch 1-zu-1-Zuordnung vergleichen.

1

1	1	2	2	3	3	4	4	5	5

2

2

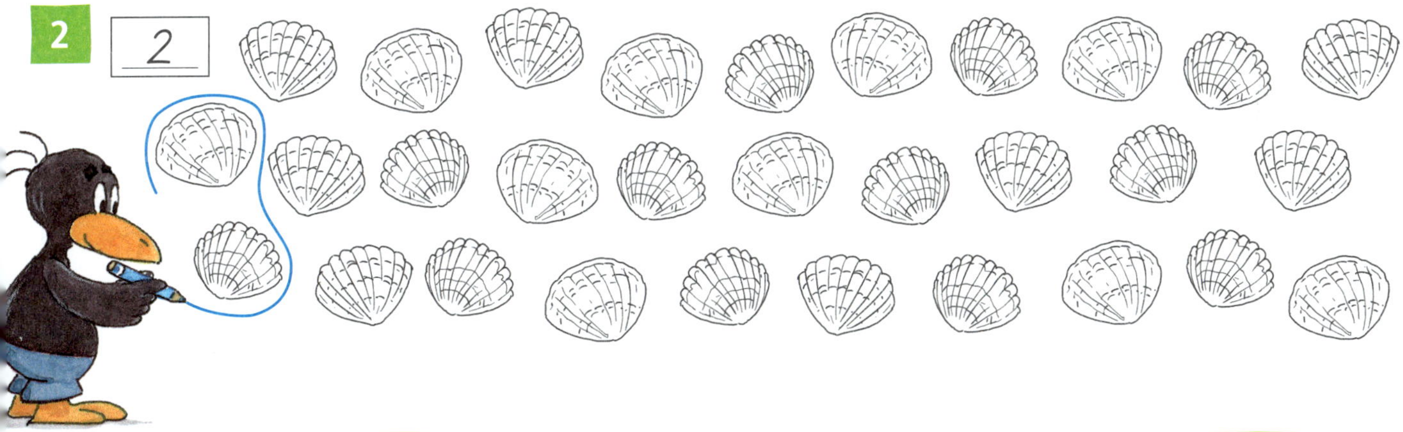

2 2 2

2

2 2

1 2 1 2 1

1 Menge und Zahl verbinden oder Menge beliebiger Objekte zur gegebenen Zahl malen. **2** Gleiche Anzahlen einkreisen.

Mit Strichliste zählen

1

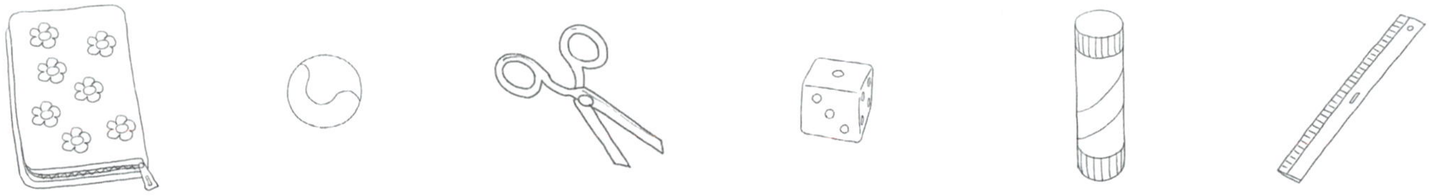

||					

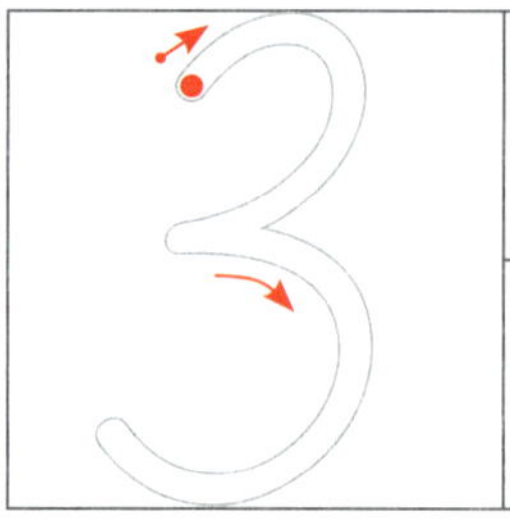

3 3 3

3 2 1 3 2 1

1 Anzahl der Gegenstände bestimmen und als Strichliste festhalten.

1

| 1 | 2 | 3 | 3 | 4 | 4 | 5 | 5 | 6 | 6 |

2

3

4 4 4 4

4 4

4 3 2 4 3 2

1 Menge und Zahl verbinden oder Menge zur gegebenen Zahl malen. **2** Gleiche Anzahlen einkreisen.

Anzahlen bestimmen

1

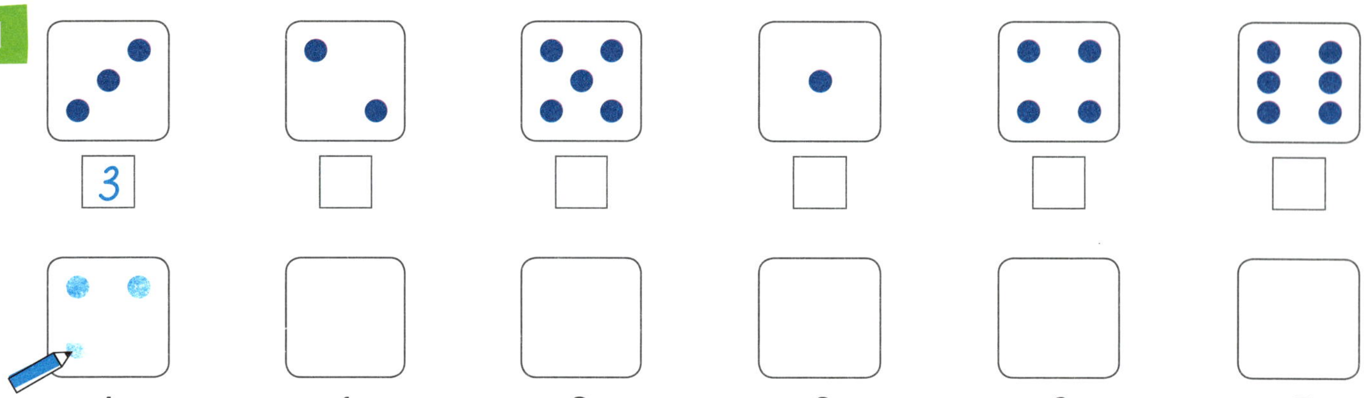

4 1 3 6 2 5

2

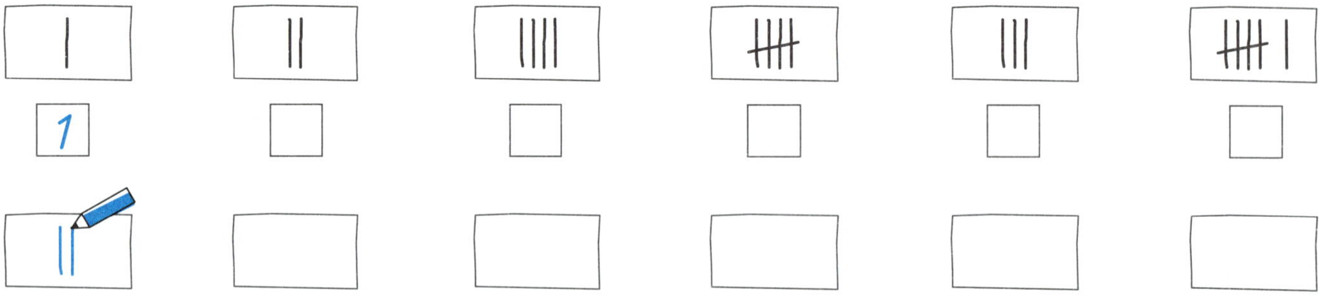

2 5 6 4 1 3

3

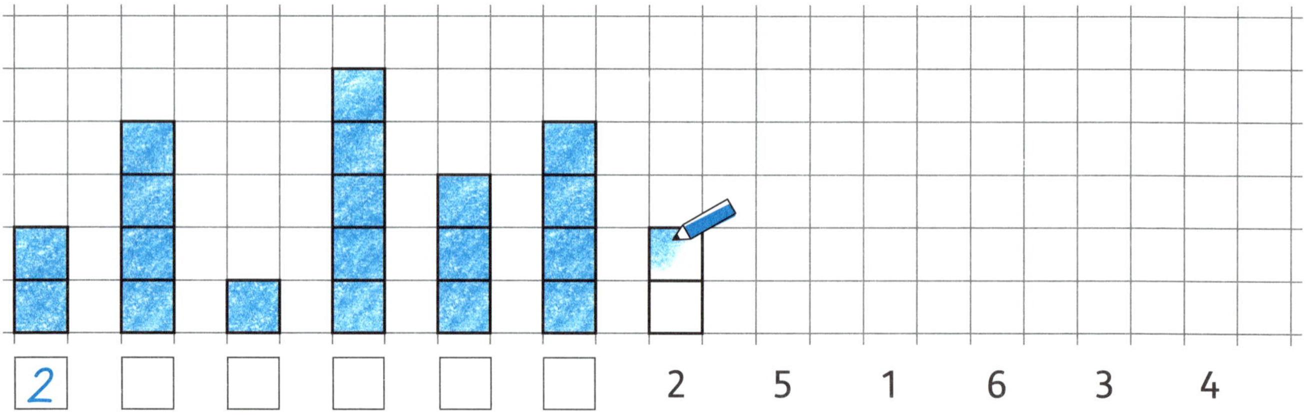

2 5 1 6 3 4

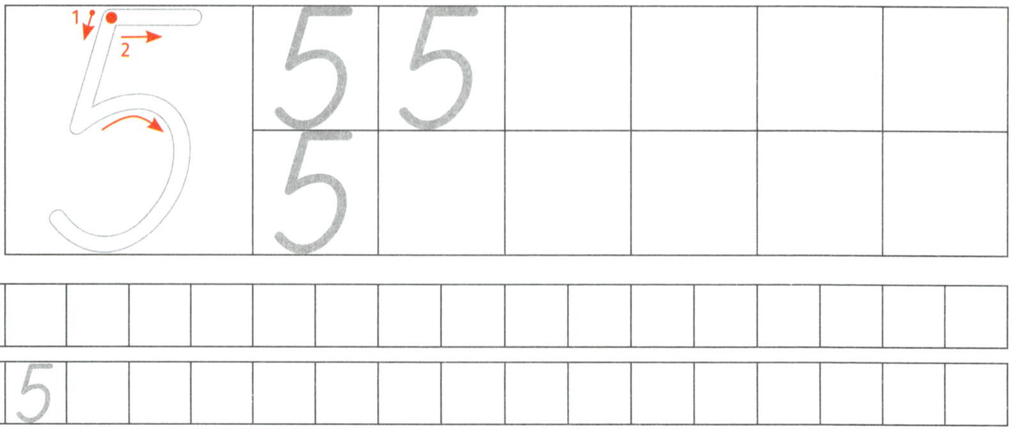

1, 2 Anzahlen an Würfelpunkten oder Strichen bestimmen oder malen. **3** Anzahl der Kästchen pro Turm bestimmen oder färben.

1

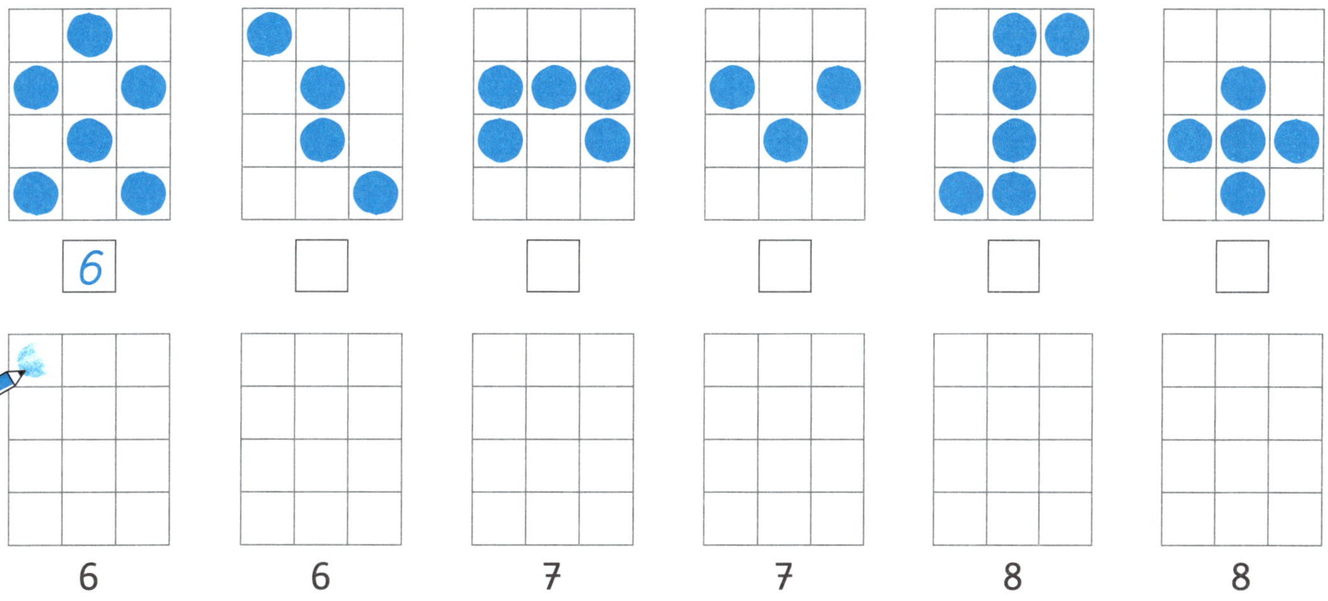

2

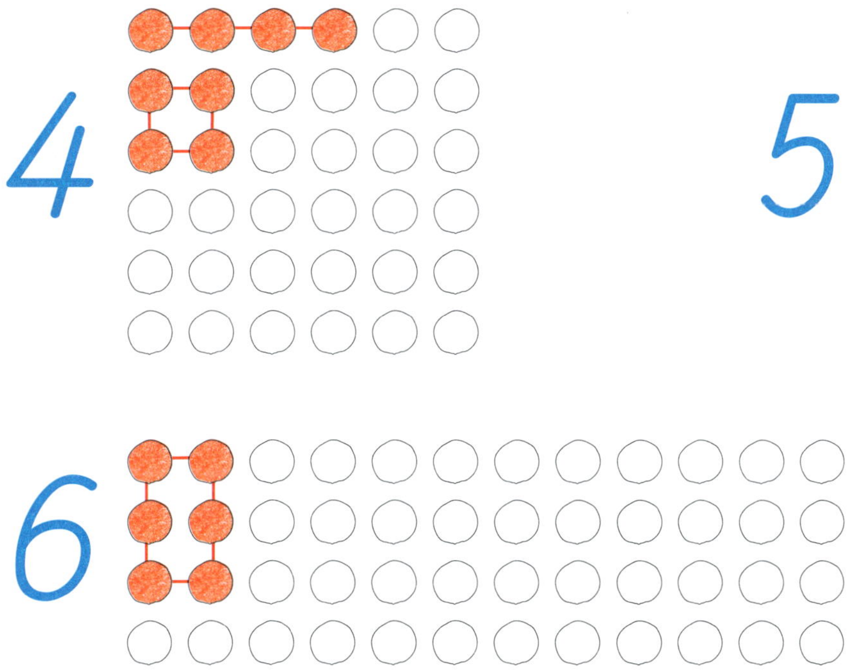

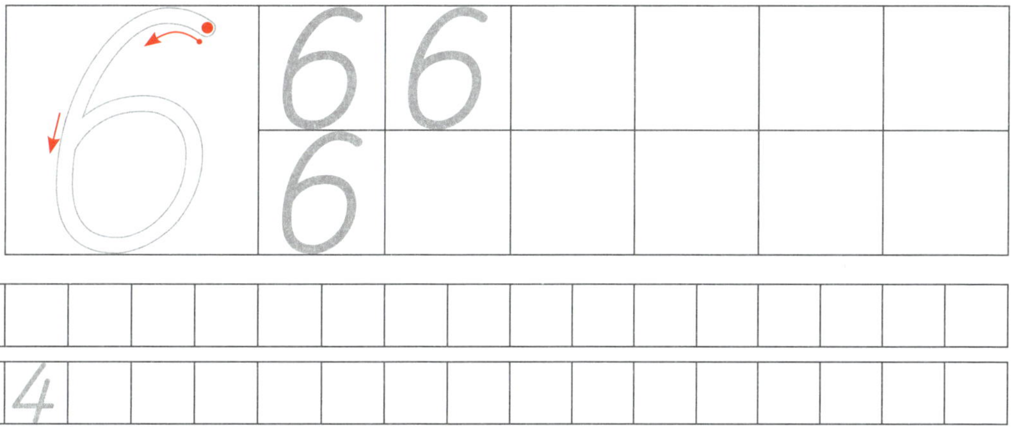

1 Zahlenbildern Zahlen zuordnen oder Zahlenbilder zu vorgegebenen Zahlen malen. **2** Punkte verbinden und ausmalen.

SB 13 **KV** 6, 25 47 – 48

Zahlen bis 6 zerlegen

1

5	5	6	6	6
2 + 3	4 + 1	4 + 2	3 + 3	1 + 5

5	5	6	6	6
☐ + ☐	☐ + ☐	☐ + ☐	☐ + ☐	☐ + ☐

2

4	2 + 2	___ ● ___	3 + 1	
5	___ ● ___	___ ● ___	2 + 3	0 + 5
6	___ ● ___	___ ● ___	6 + 0	5 + 1
6	___ ● ___	___ ● ___	___ ● ___	___ ● ___

1 Zu Zahlzerlegungen Punktbilder malen. **2** Zerlegungen notieren oder Perlen einzeichnen.

Links – rechts, oben – unten

1 Nach links oder nach rechts?

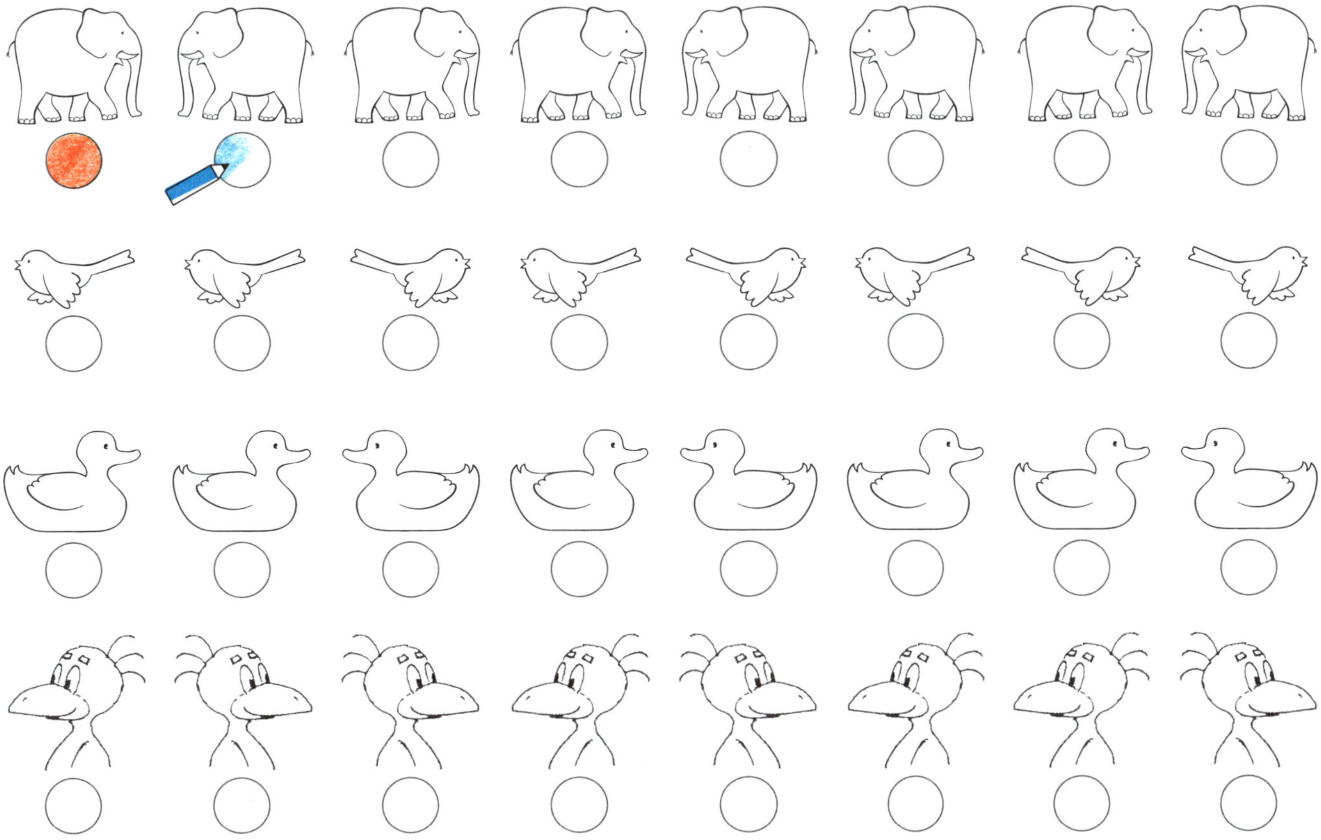

2 Was ist wo? Zeichne.

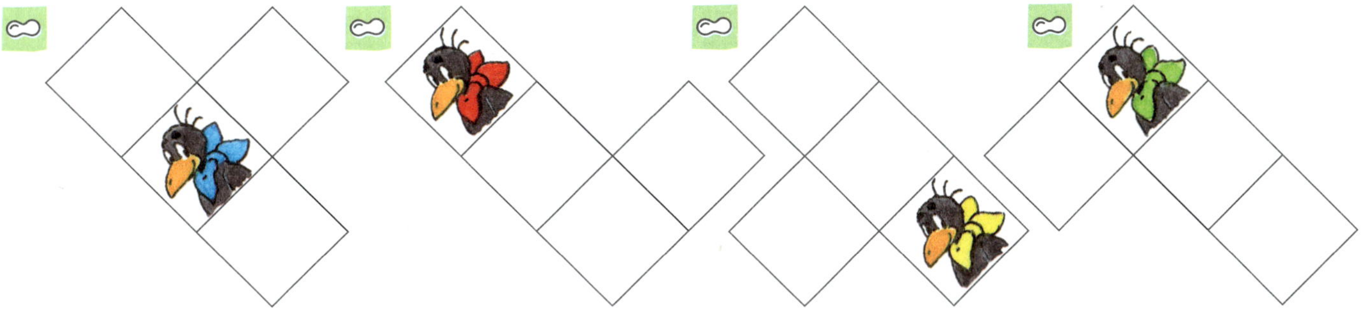

1 Bewegungsrichtungen (nach links, nach rechts) unterscheiden und entsprechend die Farbpunkte rot bzw. blau färben. **2** Lagebeziehungen erfassen und in die leeren Kästchen die fehlenden Formen in der richtigen Farbe zeichnen.

SB 18 – 19 **KV** 30 – 34 26 – 27, 301 – 304

1 Wie geht es weiter?

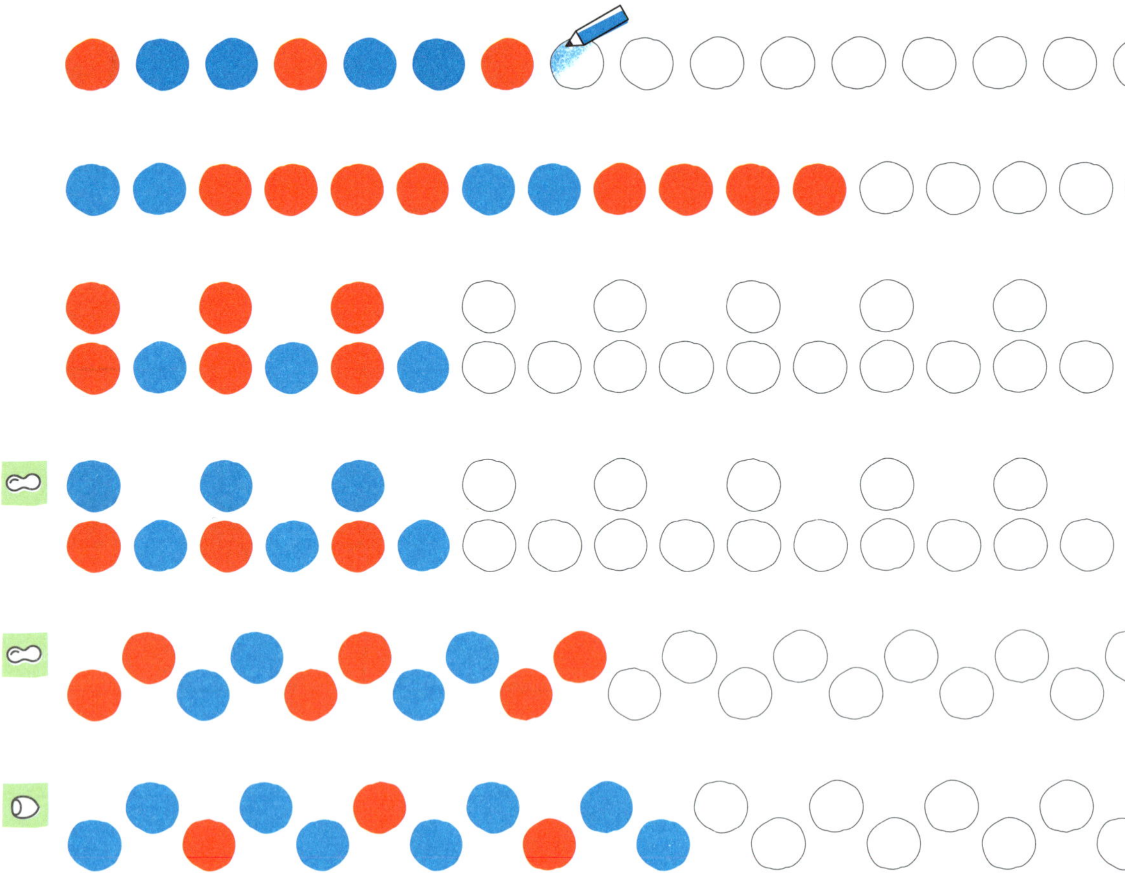

2 Erfinde eigene Muster.

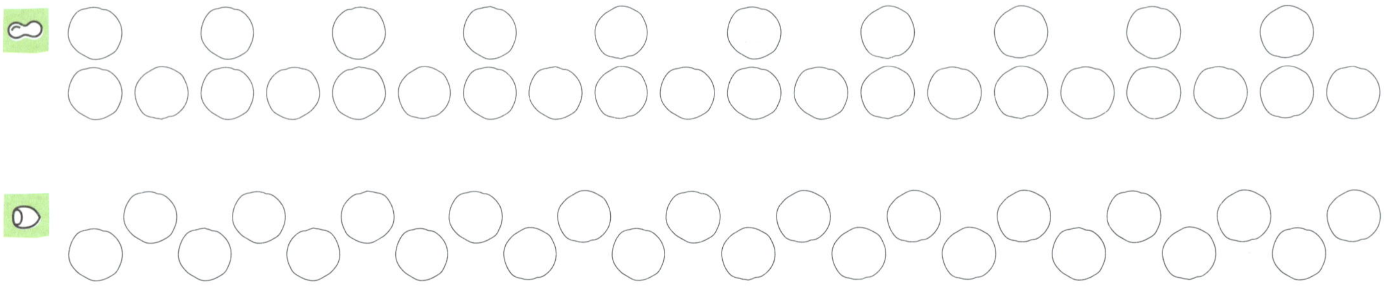

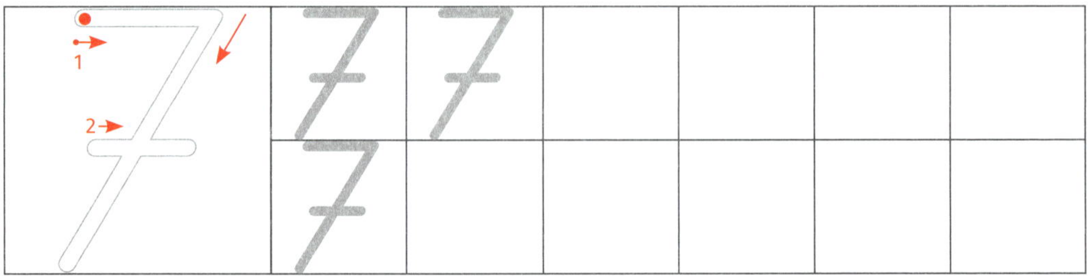

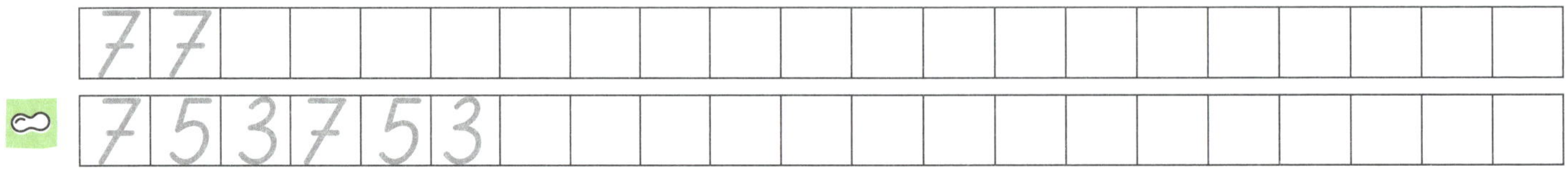

1 Bildungsgesetz der Muster erkennen und Punkte entsprechend ausmalen. Die Muster können auch gelegt werden. **2** Eigene Muster erfinden und Punkte färben.

SB 20 **KV** 7 55, 358–359

1

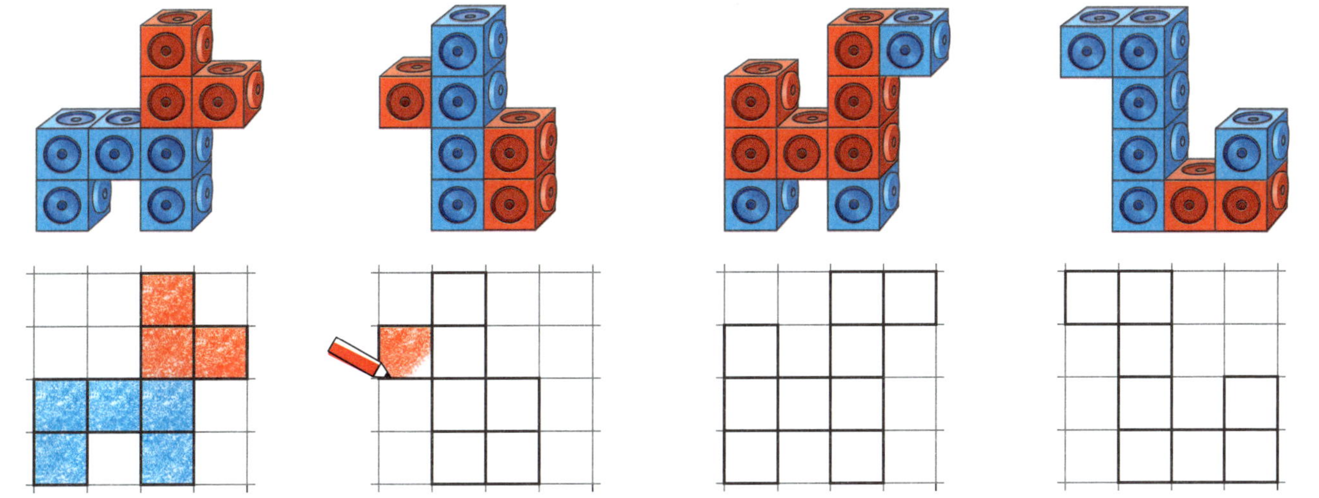

5 3 | ___ ___ | ___ ___ | ___ ___

2

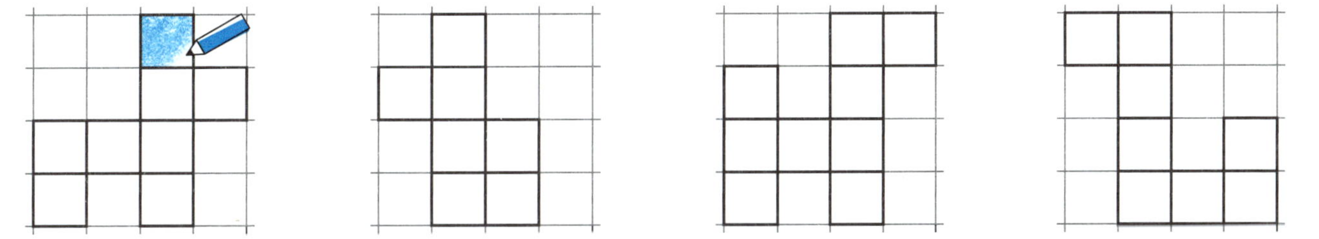

4 4 | 1 6 | 5 4 | 1 7

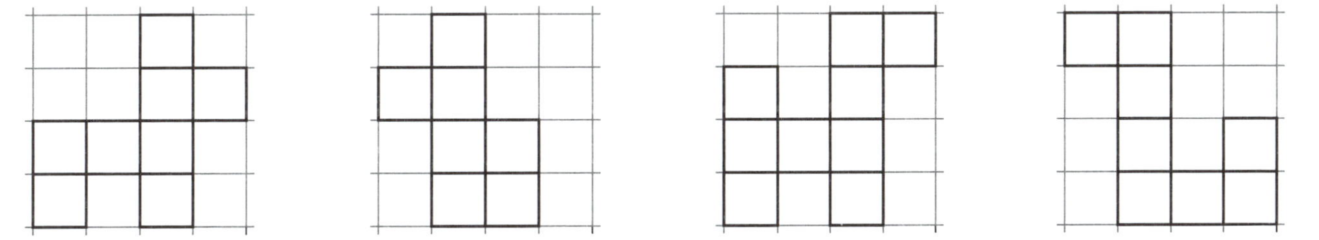

2 6 | 5 2 | 7 2 | 6 2

8 8 8

8 8

8 6 4 8 6 4

1 Ansichten der Tiere färben und Anzahl der jeweils verwendeten Würfel pro Farbe notieren. **2** Ansichten nach der vorgegebenen Anzahl an Würfeln pro Farbe färben. Es gibt immer verschiedene Lösungen.

SB 21 **KV** 8, 35 56, 327

Anzahlen geschickt bestimmen

1 Wo kannst du leicht zählen? Kreise ein.

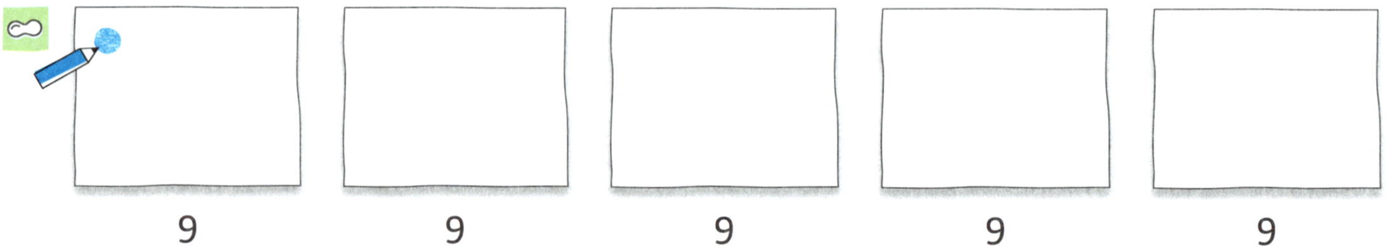

2 Wo kannst du leicht zählen? Kreise ein.

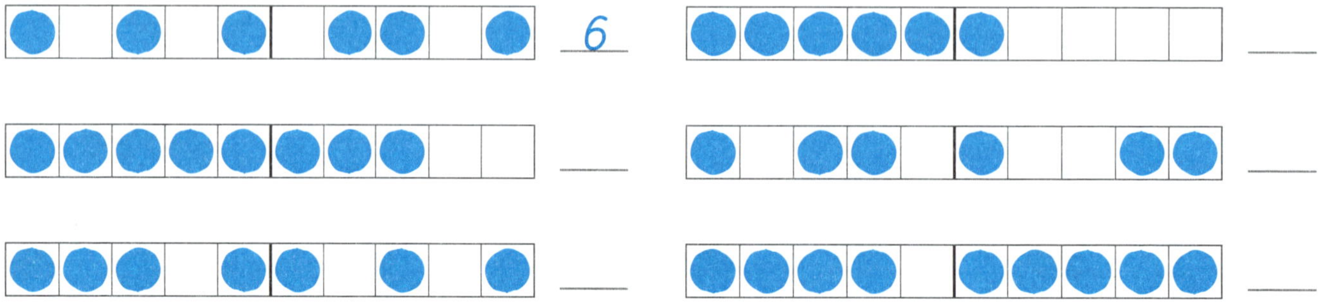

1 Anzahlen bestimmen. Mengen, die sich leicht zählen lassen, einkreisen. In der unteren Reihe 9 Plättchen jeweils so einzeichnen, dass leichtes Zählen möglich ist. **2** Anzahlen im Zehnerfeld bestimmen. Mengen, die sich leicht zählen lassen, einkreisen.

1

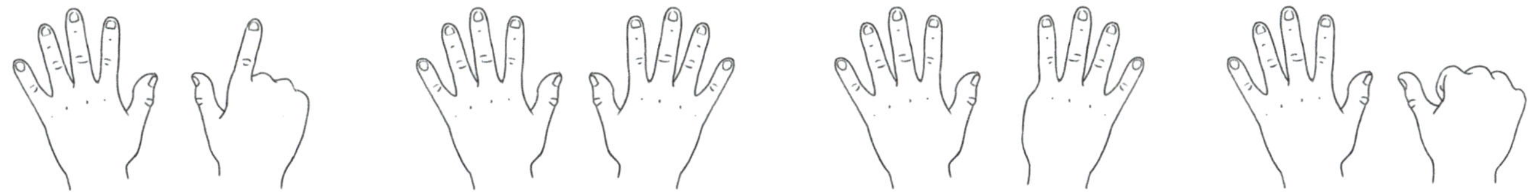

7 → 5 + ___

___ → ___ + ___

___ → ___ + ___

___ → ___ + ___

2 Kreise immer zuerst 5 Plättchen ein.

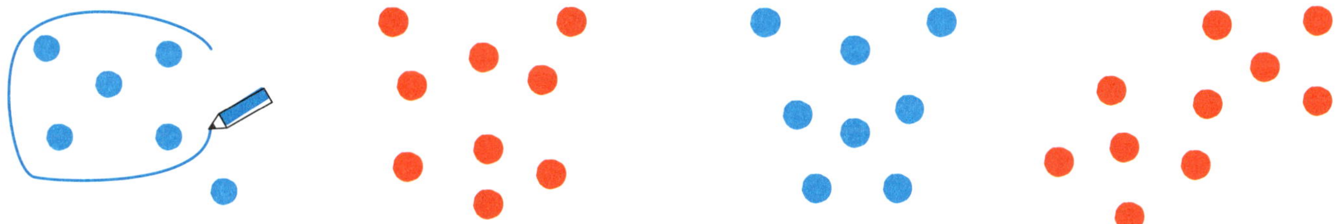

6 → 5 + ___

___ → ___ + ___

___ → ___ + ___

___ → ___ + ___

3

8	𝍸 |||	●●●●●●●●	5 + ___
6	𝍸		___ + ___
9			___ + ___
10			___ + ___
7			___ + ___

10 10 10 10

10 10

2 10 2 10

1

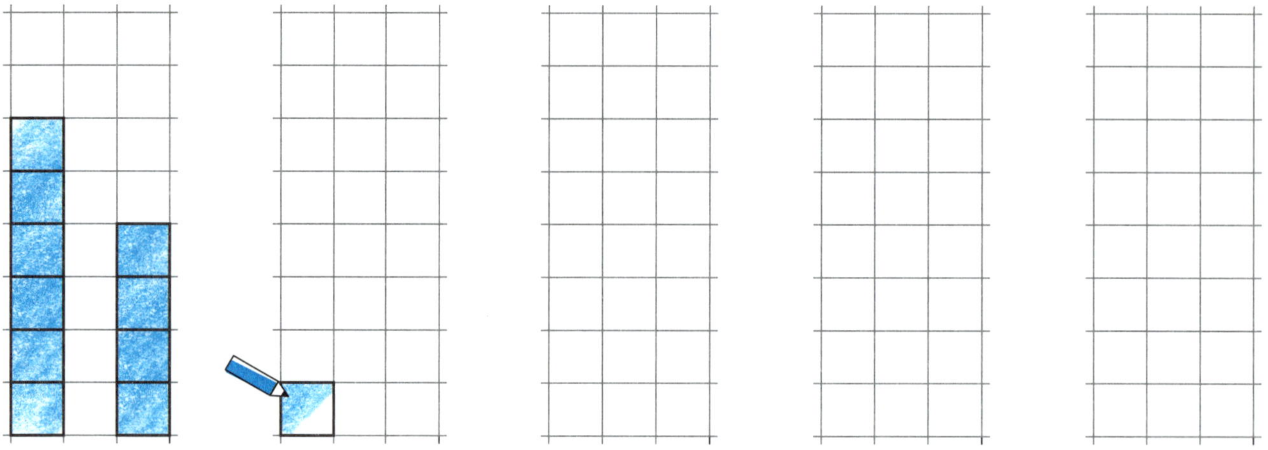

6 > 4 | 1 ○ 5 | 3 ○ 3 | 7 ○ 6 | 4 ○ 2

2

|| 卌	||| |	|||| ||||	卌 卌|
2 < 5	___ ○ ___	___ ○ ___	___ ○ ___
| ||	|||| |||	|||| 卌	卌| |||
___ ○ ___	___ ○ ___	___ ○ ___	___ ○ ___
卌|| 卌||	卌||| 卌||||	卌|||| 卌|||	|| 卌||
___ ○ ___	___ ○ ___	___ ○ ___	___ ○ ___

3

1 < 3	7 ○ 9	10 ○ 3	0 ○ 6
2 ○ 3	7 ○ 8	10 ○ 0	1 ○ 1
3 ○ 3	7 ○ 7	6 ○ 2	8 ○ 9
4 ○ 3	7 ○ 6	9 ○ 3	5 ○ 10
5 ○ 3	7 ○ 5	4 ○ 8	2 ○ 1

4

2 = ___	5 = ___	9 = ___	7 = ___	___ = ___
2 < ___	5 < ___	9 < ___	7 < ___	___ < ___
2 < ___	5 < ___	9 < ___	7 < ___	___ < ___
2 > ___	5 > ___	9 > ___	7 > ___	___ > ___
___ > ___	___ > ___	___ > ___	___ > ___	___ > ___

1 Nach Vorgabe Kästchen färben und Zahlen vergleichen. **2** Für Strichdarstellungen Zahlen notieren und vergleichen.

SB 24 49–53, 60

1

2

Vorgänger		Nachfolger
4	5	6
	6	
	7	
	8	
	9	

V		N
3		
	5	
0		
		6
	8	

V		N
		10
	12	
18		
	15	
		22

3

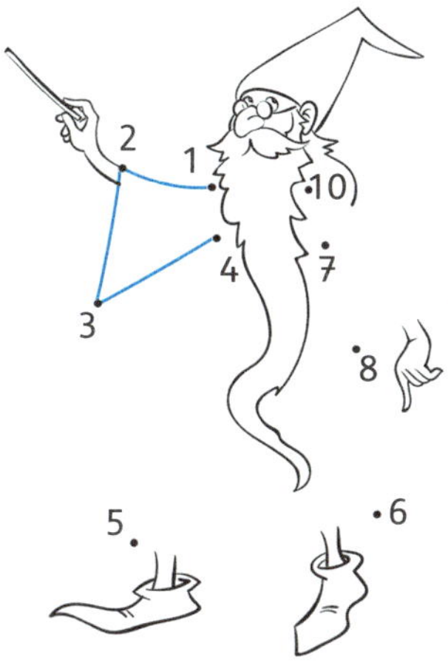

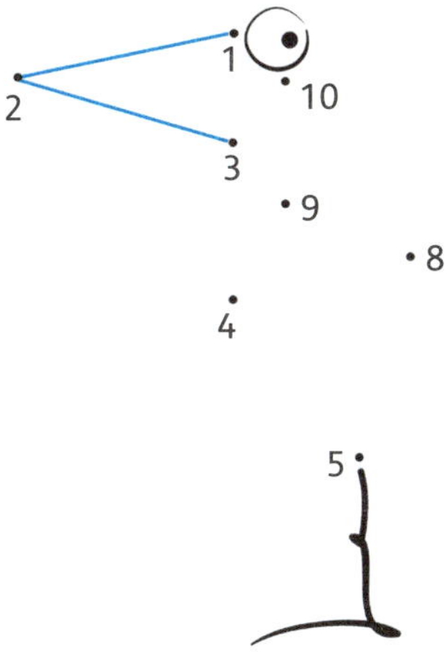

1 Zahlenreihe von 1 bis 10 und Ausschnitte aus der Zahlenreihe vervollständigen. **3** Die Zahlen jeweils der Reihe nach verbinden.

SB 25 **KV** 36–37 60–61

1

( ) (2.) (1.) ( ) ( ) ( )

2

( ) ( ) ( ) ( ) (1.) ( )

3

(1.) (2.) ( ) ( ) ( ) ( ) ( ) ( ) ( ) ( )

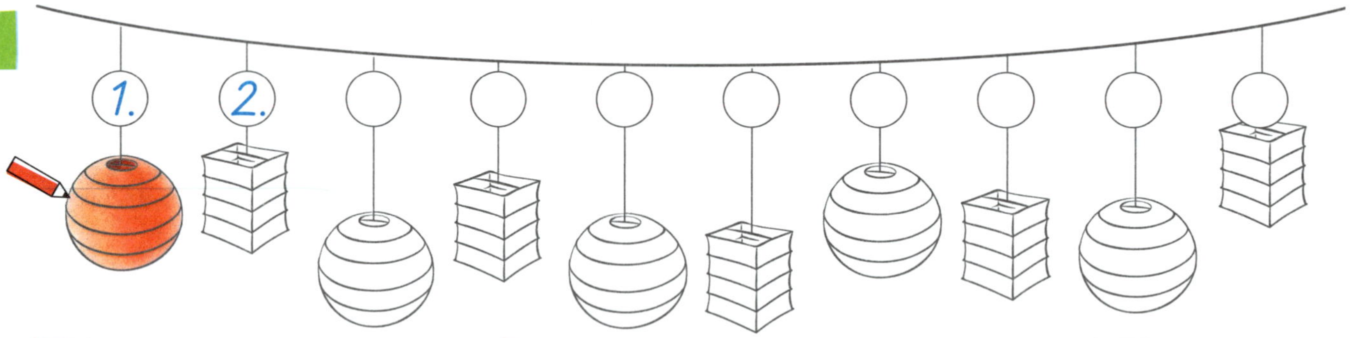

rot: 1. 4. 8.   blau: 3. 5. 7. 9.   gelb: 2. 6. 10.

4

( ) ( ) ( ) ( ) ( ) ( ) ( ) ( ) (2.) (1.)

rot: 2. 4. 7.   blau: 1. 6. 8. 10.   gelb: 3. 5. 9.

1, 2 Reihenfolge der Bilder erkennen und notieren. **3** Ordnungszahlen eintragen und Bilder in der richtigen Farbe ausmalen. **4** Ordnungszahlen eintragen und Mützen in der richtigen Farbe anmalen.

SB 26   28–31, 38

1

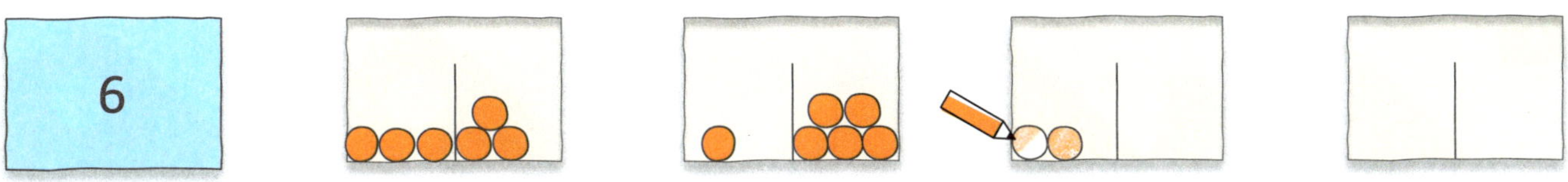

3 + ___   ___ ● ___   2 + ___   5 + ___

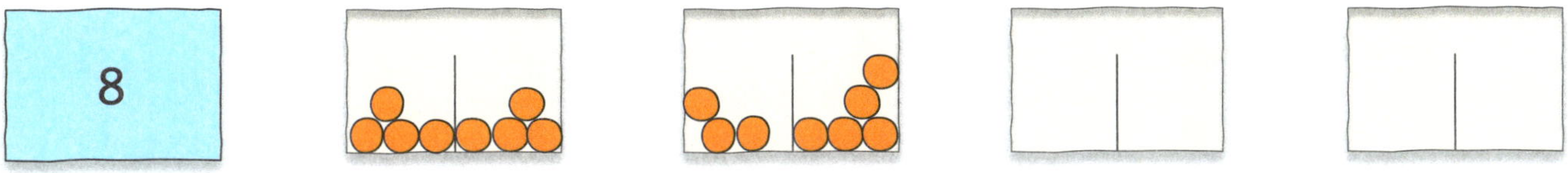

___ ● ___   ___ ● ___   1 + ___   0 + ___

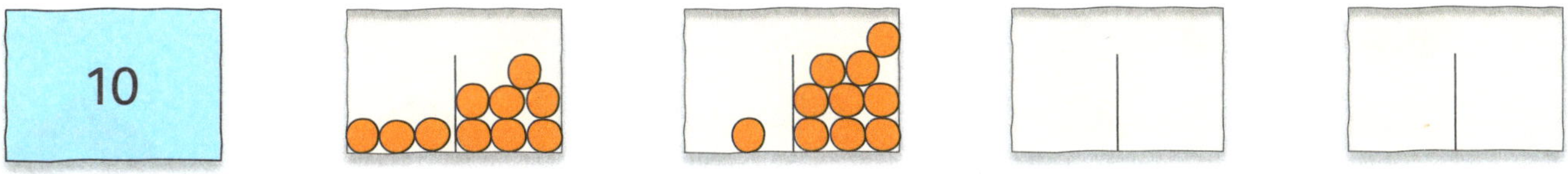

___ ● ___   ___ ● ___   8 + ___   5 + ___

2

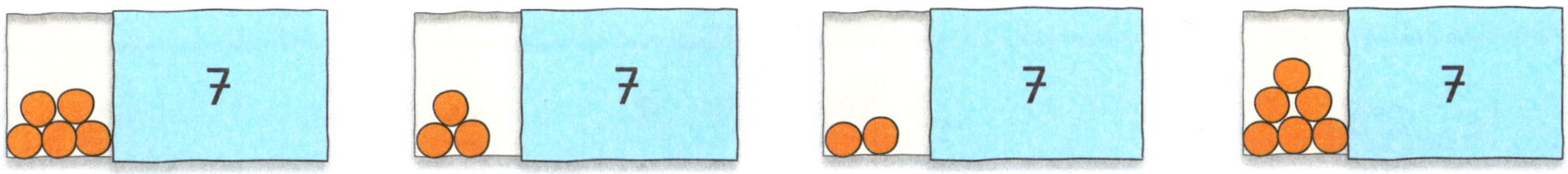

5 + ___   ___ ● ___   ___ ● ___   ___ ● ___

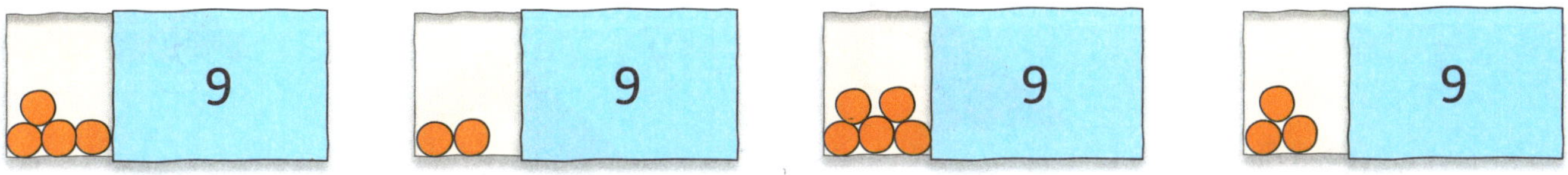

___ ● ___   ___ ● ___   ___ ● ___   ___ ● ___

___ + 5   ___ + 4   ___ + 2   ___ + 9

___ + 3   ___ + 1   ___ + 10   ___ + 8

1 Zerlegungen notieren oder in die Schüttelboxen einzeichnen. **2** Anzahl der verdeckten Perlen bestimmen und Zerlegung notieren. In den letzten Zeilen Perlen einzeichnen und Zerlegung notieren.

SB 28 – 29 **KV** 27, 38 150 – 152

Zerlegungshäuser

1

6
6 + ___
___ + ___
___ + ___
___ + ___
___ + ___
___ + ___
___ + ___

5
5 + ___
4 + ___
___ + 2
___ + 3
1 + ___
0 + ___

2
2 + ___
1 + ___
___ + ___

3
___ + 0
___ + 1
___ + ___
___ + ___

2

7
7 + ___
6 + ___
5 + ___
___ + ___
___ + ___
___ + ___
___ + ___
___ + ___

9
9 + ___
8 + ___
___ + ___
___ + ___
___ + ___
___ + ___
___ + ___
___ + ___
___ + ___
___ + ___

8
8 + ___
___ + ___
___ + ___
___ + ___
___ + ___
___ + ___
___ + ___
___ + ___
___ + ___

10
___ + ___
___ + ___
___ + ___
___ + ___
___ + ___
___ + ___
___ + ___
___ + ___
___ + ___
___ + ___
___ + ___

1 Punktdarstellungen für Zahlzerlegungen vervollständigen und Zerlegung notieren. **2** Zahlzerlegungen systematisch notieren.

SB 30 – 31 **KV** 39 – 40 153 – 156

1

|||| → 4, 卌 | → ___, || → ___, 卌 ||| → ___, 卌 → ___, 卌 |||| → ___

||| → 3, 5, 7, 4, 10, 8

2, 6, 9, 0, 7, 1

2

4, 6, 9

7, 8, 2

3, 10, 5

3

V		N
4	5	6
	2	
	9	
	6	
	8	

V		N
8		
		7
2		
		9
4		

V		N
		8
7		
		2
9		
		4

V		N
11		
		12
	15	
13		
		19

4

2525

0808

9696

147147

362362

1 Strichdarstellungen Zahlen zuordnen oder umgekehrt. **2** Punktdarstellungen im Zehnerfeld eintragen.

1

2

1, 2 Zahlen zuordnen bzw. fehlende Mengen- oder Strichdarstellungen strukturiert ergänzen.

SB 34–35 **KV** 11, 19, 41–48

1

2

V		N
13	14	15
	17	
	16	
	12	

V		N
	11	
	13	
	19	
	14	

V		N
9		
		13
15		
		19

V		N
19		
	23	
		26
26		

3

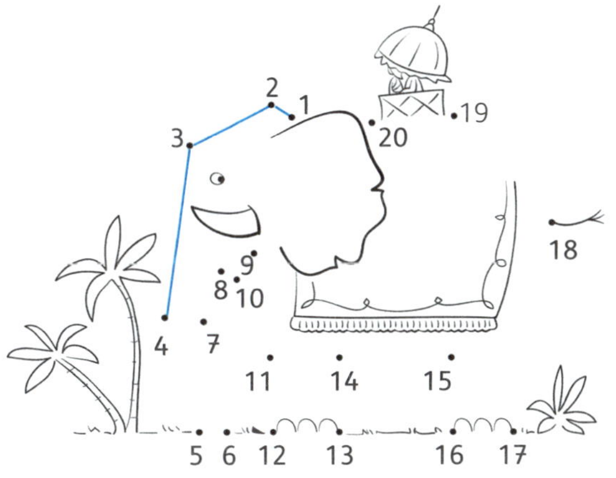

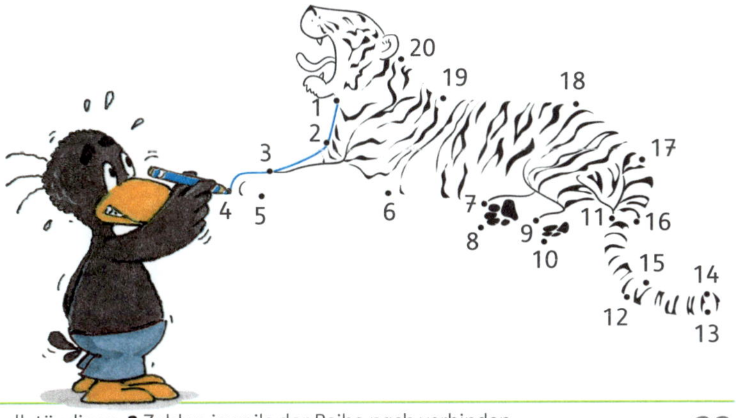

1 Die Zahlenreihe von 1 bis 20 und Ausschnitte aus der Zahlenreihe vervollständigen. **3** Zahlen jeweils der Reihe nach verbinden.

Plus: Es werden mehr

1

5 + ___ = ___

2

2 + ___ = ___

___ + ___ = ___

___ + ___ = ___

3

___ + ___ = ___

___ + ___ = ___

___ + ___ = ___

___ + ___ = ___

___ + ___ = ___

___ + ___ = ___

1, 2 Additionsaufgaben erkennen, Aufgaben mit Plättchen legen und einzeichnen, Aufgaben schreiben und rechnen. **3** Es können jeweils verschiedene Aufgaben gebildet werden.

SB 38–39 **KV** 49 136–141

1

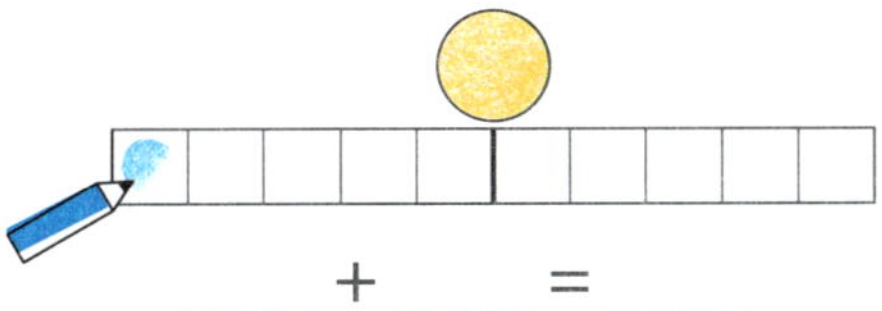

___ + ___ = ___

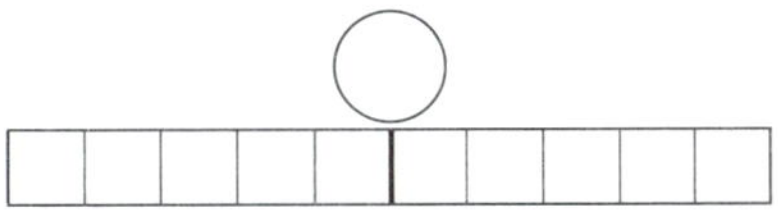

___ + ___ = ___

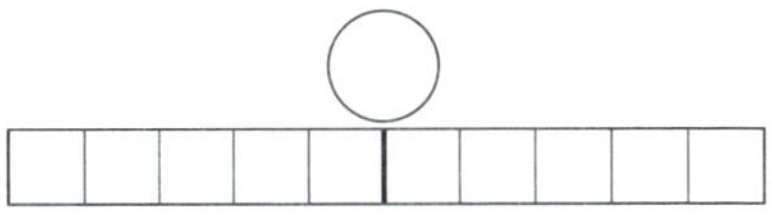

___ + ___ = ___

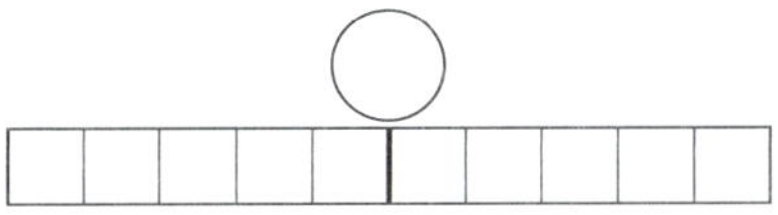

___ + ___ = ___

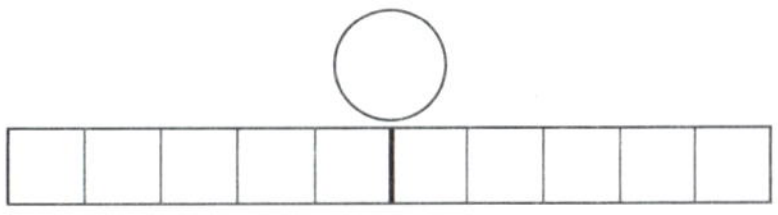

___ + ___ = ___

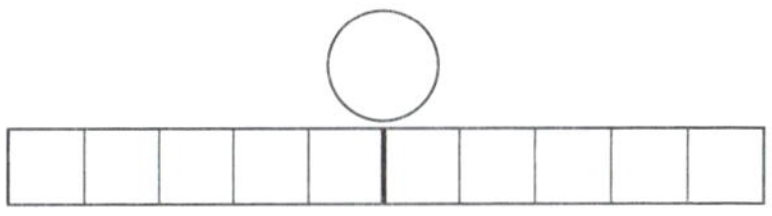

___ + ___ = ___

2

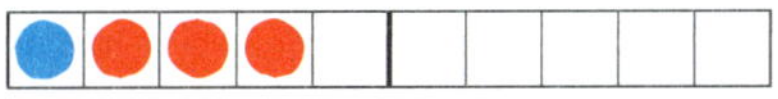

1 + ___ = ___

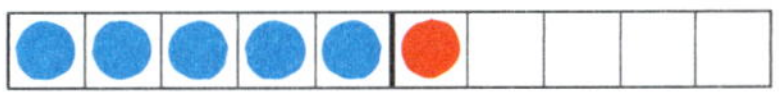

___ + ___ = ___

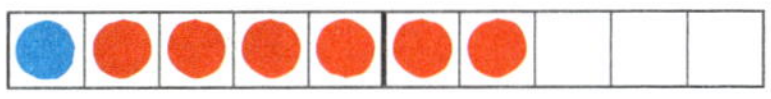

___ + ___ = ___

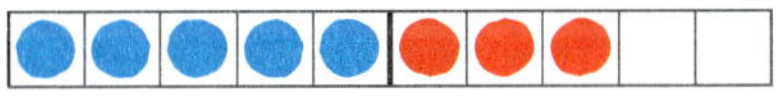

___ + ___ = ___

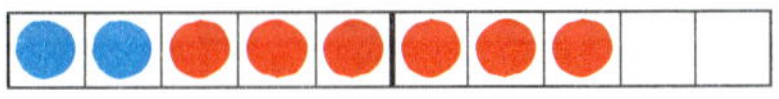

___ + ___ = ___

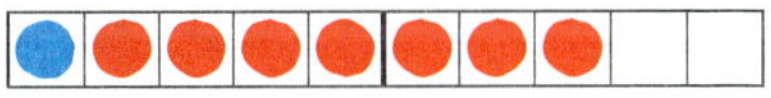

___ + ___ = ___

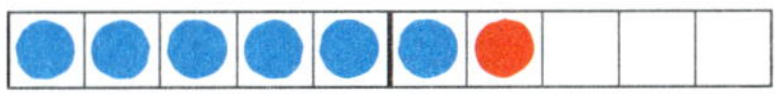

___ + ___ = ___

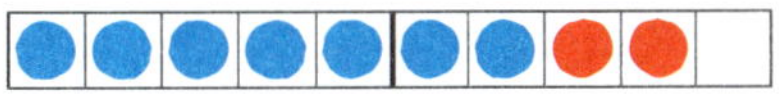

___ + ___ = ___

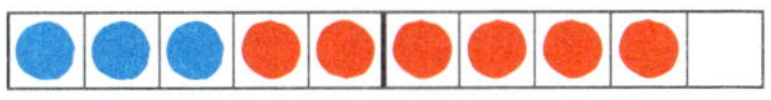

___ + ___ = ___

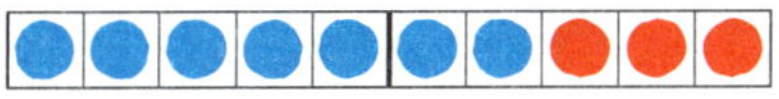

___ + ___ = ___

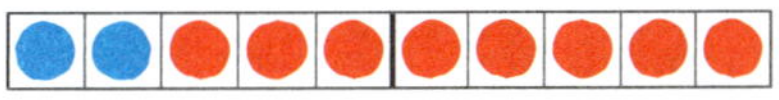

___ + ___ = ___

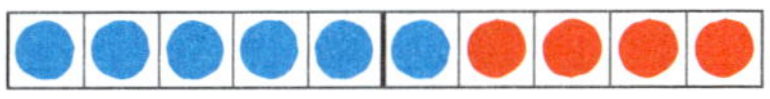

___ + ___ = ___

1 Additionsaufgaben im Bild finden und farbig einkreisen, Aufgaben mit Plättchen nachlegen, einzeichnen und notieren. **2** Additionsaufgaben der Punktedarstellung im Zehnerfeld entnehmen, Aufgaben mit Plättchen nachlegen und notieren.

SB 40 **KV** 49 136–141

1 Rechne und kontrolliere. Eine Zahl bleibt jeweils übrig.

4 + 4 = 8	1 + 1 = ___	3 + 5 = ___	3 + 4 = ___
3 + 0 = ___	7 + 0 = ___	8 + 0 = ___	5 + 0 = ___
0 + 1 = ___	1 + 6 = ___	1 + 2 = ___	9 + 1 = ___
2 + 1 = ___	2 + 3 = ___	1 + 5 = ___	5 + 5 = ___
6 + 2 = ___	0 + 5 = ___	0 + 3 = ___	1 + 4 = ___
1 1 3 3 8 8	2 2 5 5 7 7	3 3 6 6 8 8	5 5 7 7 10 10

2 + 5 = ___	7 + 1 = ___	5 + ___ = 9	___ + 3 = 7
0 + 2 = ___	1 + 9 = ___	2 + ___ = 2	___ + 2 = 9
6 + 3 = ___	3 + 2 = ___	4 + ___ = 10	___ + 0 = 4
0 + 7 = ___	3 + 7 = ___	6 + ___ = 10	___ + 7 = 8
8 + 1 = ___	4 + 1 = ___	0 + ___ = 0	___ + 0 = 1
2 2 7 7 9 9	5 5 8 8 10 10	0 0 4 4 6 6	1 1 4 4 7 7

2 Male richtig aus.

3 + 6	1 + 8	3 + 3	3 + 1	4 + 2
	2 + 7	4 + 5	6 + 0	4 + 0
				7 + 2
				0 + 4

1 + 3	2 + 4	2 + 2	5 + 1	0 + 9	0 + 6

___ + ___	___ + ___	___ + ___	___ + ___	___ + ___

1 + 2 + 1	6 + 2 + 1	3 + 1 + 0	3 + 0 + 3

2 Aufgabenkarten mit der jeweiligen Farbe der Lösung ausmalen. Für das Ergebnis 7 passende Additionsaufgaben finden.

SB 41 **KV** 49 157 – 159

1

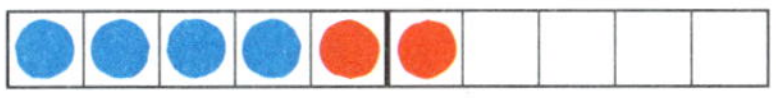

4 + 2 = ___
2 + 4 = ___

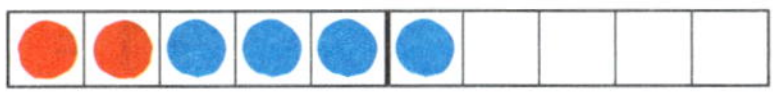

1 + 4 = ___
4 + 1 = ___

9 + 0 = ___
0 + 9 = ___

7 + 1 = ___
___ + 7 = ___

3 + 5 = ___
___ + 3 = ___

10 + 0 = ___
___ + 10 = ___

2

1 + 8 = ___	3 + 7 = ___	2 + 3 = ___	0 + 3 = ___
8 + ___	___	___	___
6 + 4 = ___	2 + 8 = ___	0 + 5 = ___	3 + 6 = ___
___	___	___	___
10 + 3 = ___	11 + 2 = ___	4 + 12 = ___	3 + 13 = ___
___	___	___	___

3

3 + 4 =
4 + 3 =

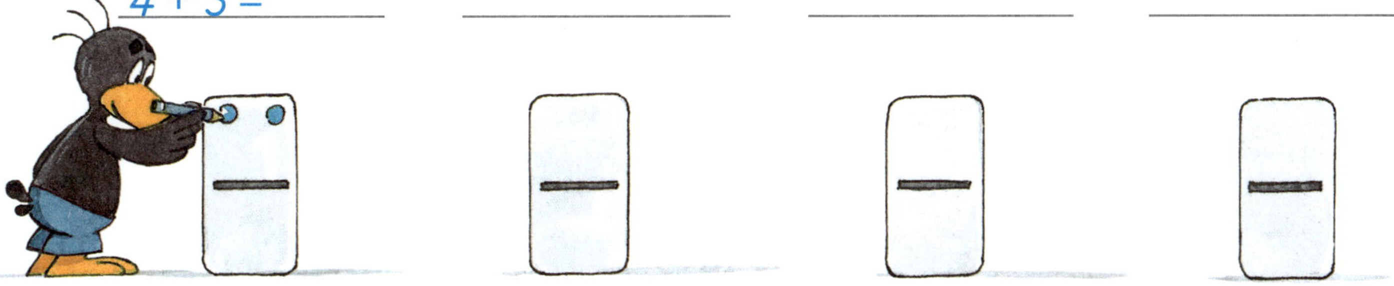

1 Aufgabe und Tauschaufgabe legen, zeichnen und notieren. **2** Zur Aufgabe die Tauschaufgabe notieren und lösen. **3** Durch Drehen des Heftes zu den Dominosteinen Aufgabe und Tauschaufgabe notieren und ausrechnen. In der unteren Reihe selbst gewählte Punktemuster eintragen.

SB 42 **KV** 50 142 – 143, 160

1

2 + 1 = ___	4 + 0 = ___	7 + 3 = ___
3 + 1 = ___	4 + 1 = ___	6 + 3 = ___
4 + 1 = ___	4 + 2 = ___	5 + 3 = ___
5 + 1 = ___	4 + 3 = ___	4 + 3 = ___
6 + =	+ =	+ =
+ =	+ =	+ =
+ =	+ =	+ =

2 Rechne aus und setze fort.

0 + 6 = ___	2 + 8 = ___	8 + 0 = ___	9 + 1 = ___
1 + 5 = ___	3 + 7 = ___	7 + 1 = ___	8 + 2 = ___
2 + 4 = ___	4 + 6 = ___	6 + 2 = ___	7 + 3 = ___
3 + 3 = ___	5 + 5 = ___	5 + 3 = ___	6 + 4 = ___
+ =	+ =	+ =	+ =
+ =	+ =	+ =	+ =
+ =	+ =	+ =	+ =

3 Rechne aus und setze fort.

2 + 2 = ___	0 + 5 = ___	2 + 1 = ___	6 + 2 = ___
4 + 2 = ___	2 + 5 = ___	2 + 3 = ___	+ =
6 + 2 = ___	4 + 4 = ___	3 + 1 = ___	+ =
8 + 2 = ___	6 + 4 = ___	3 + 3 = ___	+ =
+ =	+ 3 =	4 + =	+ =
+ =	+ =	+ =	+ =
+ =	+ =	+ =	+ =

1–3 Aufgabenrollen ausrechnen und fortführen.

1 Ergänze und kontrolliere. Eine Zahl bleibt jeweils übrig.

2 + 3 = 5	2 + ___ = 8	2 + ___ = 7	6 + ___ = 10
1 + ___ = 8	4 + ___ = 8	4 + ___ = 10	1 + ___ = 4
0 + ___ = 3	7 + ___ = 9	9 + ___ = 9	2 + ___ = 10
3 + ___ = 8	5 + ___ = 7	5 + ___ = 10	0 + ___ = 8
2 + ___ = 9	3 + ___ = 7	2 + ___ = 8	7 + ___ = 10
~~3~~ 3 5 5 7 7	2 2 4 4 6 6	0 0 5 5 6 6	3 3 4 4 8 8

2 Rechne und kontrolliere. Eine Zahl bleibt jeweils übrig.

1 + 0 + 2 = ___	1 + 1 + 3 = ___	4 + 1 + ___ = 10
1 + 5 + 1 = ___	1 + 2 + 2 = ___	2 + 0 + ___ = 10
3 + 2 + 0 = ___	1 + 0 + 1 = ___	3 + 6 + ___ = 10
2 + 4 + 1 = ___	5 + 2 + 2 = ___	5 + 4 + ___ = 10
0 + 2 + 1 = ___	3 + 2 + 4 = ___	2 + 3 + ___ = 10
3 3 5 5 7 7	2 2 5 5 9 9	1 1 5 5 8 8

3

3 Felder mit dem gleichen Ergebnis mit derselben Farbe anmalen.

1

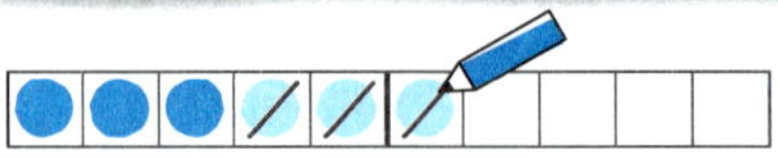

6 – ___ = ___

2

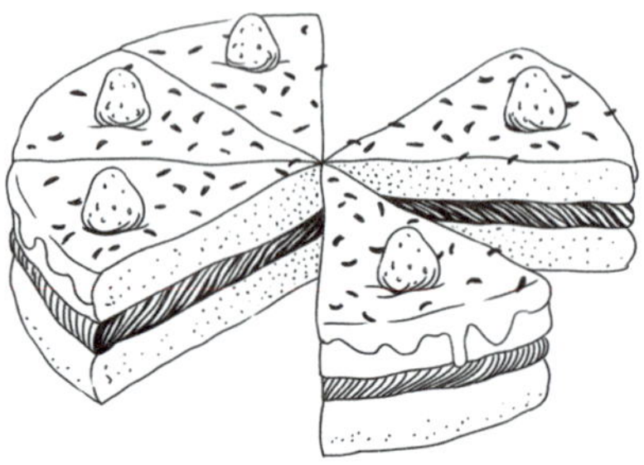

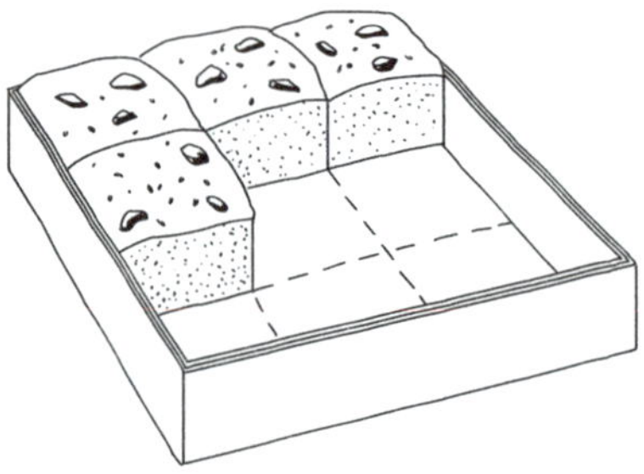

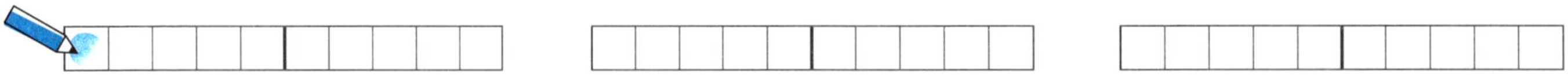

8 – ___ = ___ ___ – ___ = ___ ___ – ___ = ___

3

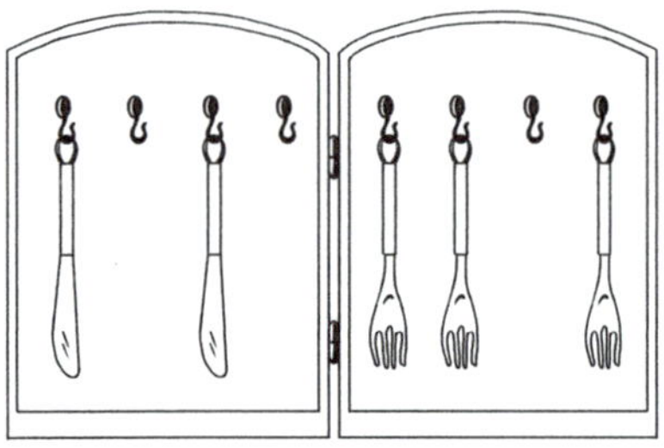

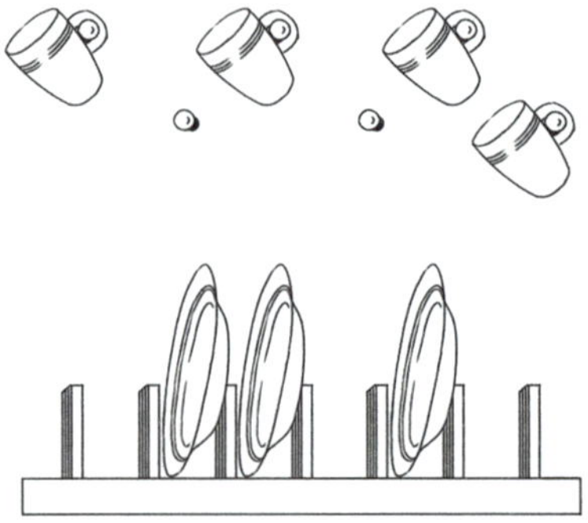

___ – ___ = ___ ___ – ___ = ___ ___ – ___ = ___

___ – ___ = ___ ___ – ___ = ___ ___ – ___ = ___

1, 2 Subtraktionsaufgaben erkennen, Aufgaben mit Plättchen legen und einzeichnen, Aufgaben notieren. **3** Es können jeweils verschiedene Aufgaben gebildet werden.

1

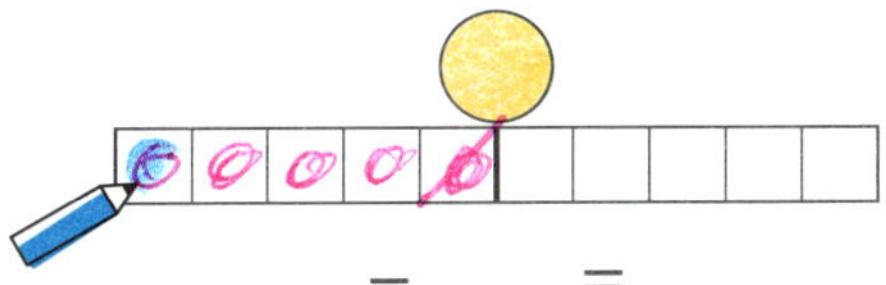

___ − ___ = ___

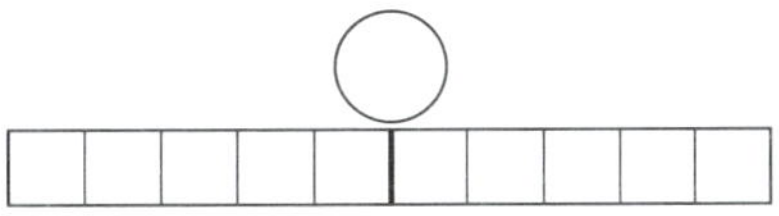

___ − ___ = ___

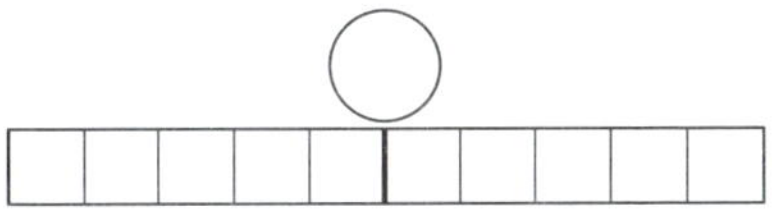

___ − ___ = ___

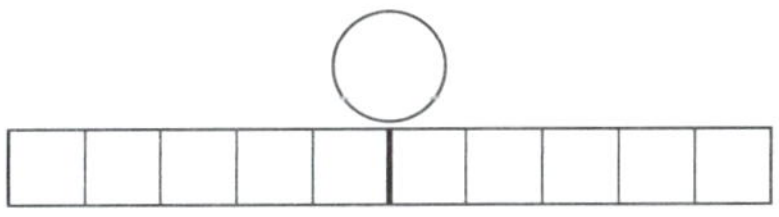

___ − ___ = ___

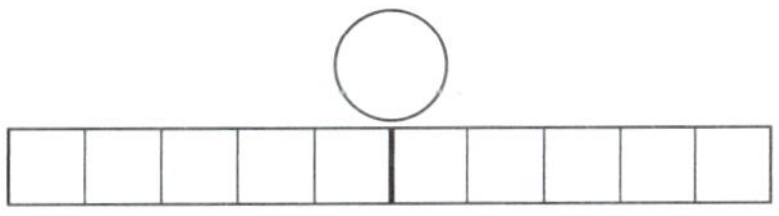

___ − ___ = ___

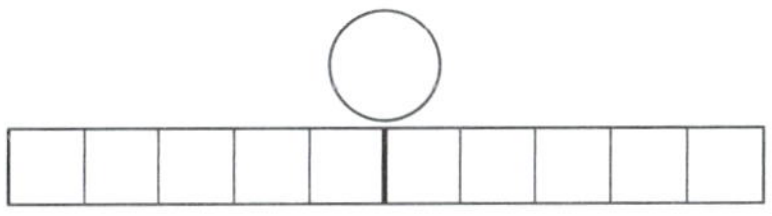

___ − ___ = ___

2

5 − ___ = ___

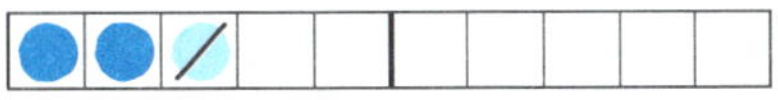

___ − ___ = ___

___ − ___ = ___

___ − ___ = ___

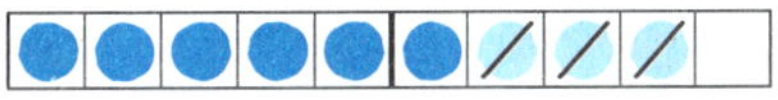

___ − ___ = ___

___ − ___ = ___

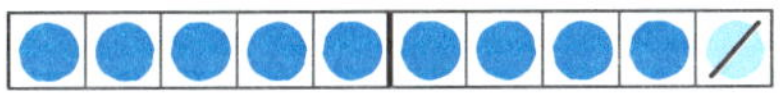

___ − ___ = ___

___ − ___ = ___

___ − ___ = ___

___ − ___ = ___

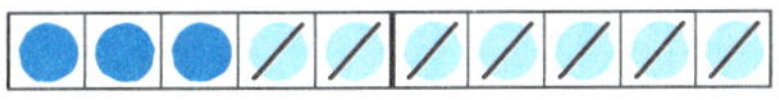

___ − ___ = ___

___ − ___ = ___

1 Subtraktionsaufgaben im Bild finden und farbig einkreisen, Aufgaben mit Plättchen nachlegen, einzeichnen und notieren. **2** Subtraktionsaufgaben der Punktedarstellung im Zehnerfeld entnehmen, Aufgaben mit Plättchen nachlegen und notieren.

SB 48 **KV** 49 144 – 147

1 Rechne und kontrolliere. Eine Zahl bleibt jeweils übrig.

7 − 1 = 6	5 − 5 = ___	10 − 2 = ___	8 − 2 = ___
8 − 4 = ___	3 − 0 = ___	8 − 6 = ___	4 − 4 = ___
4 − 0 = ___	9 − 2 = ___	5 − 0 = ___	10 − 1 = ___
9 − 8 = ___	3 − 3 = ___	8 − 3 = ___	9 − 0 = ___
6 − 0 = ___	8 − 1 = ___	2 − 0 = ___	8 − 8 = ___
1 1 4 4 ~~6~~ 6	0 0 3 3 7 7	2 2 5 5 8 8	0 0 6 6 9 9

8 − 7 = ___	9 − 1 = ___	7 − ___ = 2	___ − 6 = 0
1 − 0 = ___	7 − 7 = ___	9 − ___ = 0	___ − 8 = 2
7 − 3 = ___	6 − 2 = ___	10 − ___ = 7	___ − 0 = 10
7 − 0 = ___	0 − 0 = ___	5 − ___ = 2	___ − 7 = 2
9 − 5 = ___	8 − 0 = ___	10 − ___ = 1	___ − 6 = 3
1 1 4 4 7 7	0 0 4 4 8 8	3 3 5 5 9 9	6 6 9 9 10 10

2 Male richtig aus.

6 − 3 | 7 − 2 | 3 − 1 | 9 − 4 | 4 − 1

8 − 5 | 6 − 4 | 10 − 7 | 8 − 6

10 − 5

7 − 5

7 − 4 | 10 − 8 | 6 − 1 | 4 − 2 | 9 − 6 | 5 − 2

___ − ___ | ___ − ___ | ___ − ___ | ___ − ___ | ___ − ___

9 − 3 − 3 | 8 − 1 − 2 | 10 − 0 − 8 | 9 − 2 − 2

2 Aufgabenkarten mit der jeweiligen Farbe der Lösung ausmalen. Für das Ergebnis 6 passende Subtraktionsaufgaben finden.

SB 49 KV 49 161 – 163

1

7 – 6 = ___	9 – 7 = ___	2 – 2 = ___
7 – 5 = ___	9 – 6 = ___	3 – 2 = ___
7 – 4 = ___	9 – 5 = ___	4 – 2 = ___
7 – 3 = ___	9 – 4 = ___	5 – 2 = ___
7 – ___ = ___	___ – ___ = ___	___ – ___ = ___
___ – ___ = ___	___ – ___ = ___	___ – ___ = ___
___ – ___ = ___	___ – ___ = ___	___ – ___ = ___

2 Rechne aus und setze fort.

1 – 1 = ___	2 – 1 = ___	4 – 2 = ___	9 – 7 = ___
2 – 2 = ___	4 – 2 = ___	5 – 3 = ___	8 – 6 = ___
3 – 3 = ___	6 – 3 = ___	6 – 4 = ___	7 – 5 = ___
4 – 4 = ___	8 – 4 = ___	7 – 5 = ___	6 – 4 = ___
___ – ___ = ___	___ – ___ = ___	___ – ___ = ___	___ – ___ = ___
___ – ___ = ___	___ – ___ = ___	___ – ___ = ___	___ – ___ = ___
___ – ___ = ___	___ – ___ = ___	___ – ___ = ___	___ – ___ = ___

3 Rechne aus und setze fort.

8 – 0 = ___	10 – 7 = ___	9 – 1 = ___	8 – 2 = ___
7 – 0 = ___	10 – 6 = ___	9 – 3 = ___	___ – ___ = ___
8 – 1 = ___	9 – 5 = ___	8 – 1 = ___	___ – ___ = ___
7 – 1 = ___	9 – 4 = ___	8 – 3 = ___	___ – ___ = ___
___ – 2 = ___	8 – ___ = ___	7 – ___ = ___	___ – ___ = ___
___ – ___ = ___	___ – ___ = ___	___ – ___ = ___	___ – ___ = ___
___ – ___ = ___	___ – ___ = ___	___ – ___ = ___	___ – ___ = ___

1–3 Aufgabenrollen ausrechnen, Bildungsregel der Aufgabenreihen erkennen und fortführen.

Umkehraufgaben

1

7 − 3 = ____
____ + 3 = ____

6 − 5 = ____
____ + 5 = ____

7 − 7 = ____
____ + ____ = ____

5 + 2 = ____
____ − 2 = ____

1 + 7 = ____
____ − 7 = ____

0 + 10 = ____
____ − ____ = ____

2

5 − 4 = ____
1 + ____

7 − 6 = ____

6 − 4 = ____

9 − 2 = ____

8 − 0 = ____

10 − 9 = ____

11 − 3 = ____

12 − 5 = ____

6 + 4 = ____
10 − ____

7 + 3 = ____

3 + 4 = ____

3 + 6 = ____

0 + 5 = ____

8 + 2 = ____

8 + 4 = ____

9 + 5 = ____

3 Verbinde jede Aufgabe mit ihrer Umkehraufgabe.

3 + 5 = 8

5 + 3 = ____

8 − 2 = ____

5 − 3 = ____

2 + 3 = ____

2 + 6 = ____

8 − 5 = ____

8 − 3 = ____

5 − 2 = ____

3 + 2 = ____

8 − 6 = ____

6 + 2 = ____

1 Aufgabe und Umkehraufgabe legen, zeichnen und ausrechnen. **2** Zur Aufgabe die Umkehraufgabe notieren und ausrechnen.
3 Die Aufgaben ausrechnen und mit ihrer Umkehraufgabe verbinden.

SB 51 **KV** 50 148–149, 164

1

Mauer	oben	unten
a	7	5 · 2
b	__	1 · 6
c	__	6 · 4
d	__	2 · 3
e	__	3 · 6
f	__	1 · 4
g	__	5 · 5
h	__	0 · 8
i	__	1 · 9
j	__	6 · 0
k	__	2 · 2
l	__	2 · 4
m	__	10 · 0
n	__	8 · 3
o	__	5 · 6

2

Mauer	oben	unten
a	7	2 · __
b	6	3 · __
c	9	7 · __
d	5	4 · __
e	10	3 · __
f	6	0 · __
g	5	1 · __
h	7	7 · __
i	12	6 · __
j	13	9 · __

3

Mauer	oben	unten
a	3	__ · 1
b	8	__ · 7
c	9	__ · 2
d	7	__ · 1
e	10	__ · 6
f	8	__ · 3
g	9	__ · 9
h	5	__ · 0
i	13	__ · 8
j	11	__ · 7

4

Mauer	oben	unten
a	__	2 · 3
b	__	__ · __
c	__	__ · __
d	__	__ · __
e	__	__ · __
f	__	__ · __

Es gibt 6 Lösungen.

1–3 Fehlende Zahlen auf den Steinen der Rechenmauern eintragen. **4** Aus den 5 Steinen Rechenmauern bauen und Zahlen eintragen. Dabei können die Zahlenkarten als Hilfe verwendet werden.

1 Rechne und kontrolliere. Eine Zahl bleibt jeweils übrig.

4 − 2 = 2	8 − ___ = 5	3 − ___ = 2	10 − ___ = 2
7 − ___ = 3	7 − ___ = 2	10 − ___ = 6	9 − ___ = 3
5 − ___ = 1	7 − ___ = 4	9 − ___ = 8	10 − ___ = 3
9 − ___ = 9	6 − ___ = 0	10 − ___ = 5	8 − ___ = 0
2 − ___ = 0	9 − ___ = 4	5 − ___ = 1	10 − ___ = 4
0 0 2 2 4 4	3 3 5 5 6 6	1 1 4 4 5 5	6 6 7 7 8 8

2 Rechne und kontrolliere. Eine Zahl bleibt jeweils übrig.

6 − 2 − 2 = ___	9 − 1 − 1 = ___	10 − 3 − ___ = 3
9 − 1 − 2 = ___	6 − 3 − 2 = ___	10 − 2 − ___ = 2
7 − 0 − 3 = ___	8 − 0 − 1 = ___	10 − 2 − ___ = 7
8 − 3 − 1 = ___	9 − 2 − 3 = ___	10 − 4 − ___ = 5
9 − 5 − 2 = ___	5 − 3 − 1 = ___	10 − 6 − ___ = 0
2 2 4 4 6 6	1 1 4 4 7 7	1 1 4 4 6 6

3

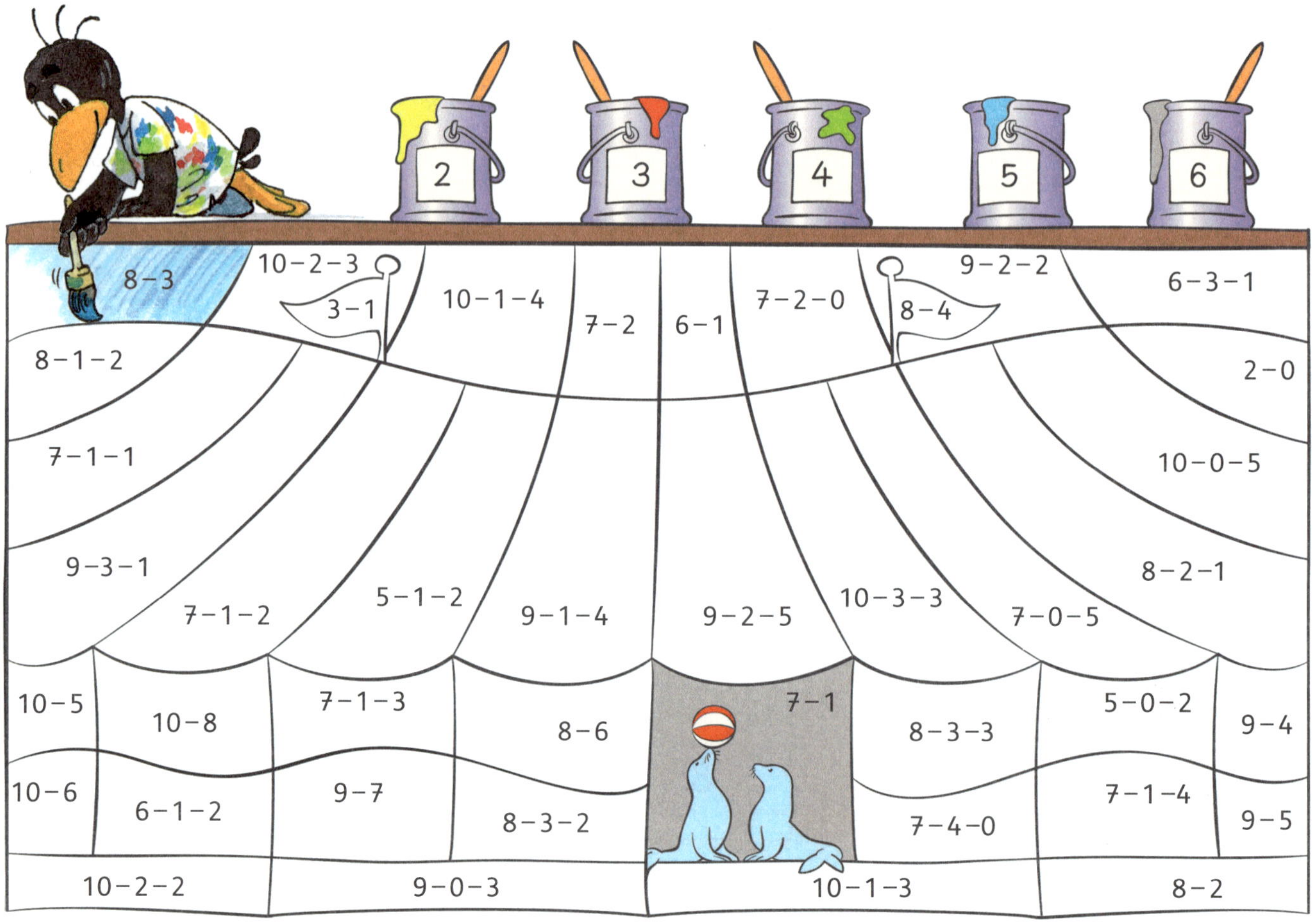

3 Felder mit dem gleichen Ergebnis mit derselben Farbe anmalen.

1 Rechne auch die Tauschaufgabe.

1 + 4 = ___	4 + 2 = ___	5 + 3 = ___	10 + 3 = ___
4 + ___ = ___	___ + ___ = ___	___ + ___ = ___	___ + ___ = ___
5 + 4 = ___	4 + 0 = ___	6 + 2 = ___	11 + 4 = ___
___ + ___ = ___	___ + ___ = ___	___ + ___ = ___	___ + ___ = ___

2 Kontrolliere mit der Umkehraufgabe.

4 − 3 = 1	7 − 2 = ___	8 − 8 = ___	14 − 3 = ___
1 + 3 = ___	___ + ___ = ___	___ + ___ = ___	___ + ___ = ___
6 + 3 = ___	2 + 7 = ___	3 + 4 = ___	10 + 5 = ___
___ − 3 = ___	___ − ___ = ___	___ − ___ = ___	___ − ___ = ___

3 links rechts

4

___ + ___	___ + ___	___ + ___	___ + ___
___ + ___	___ + ___	___ + ___	___ + ___

1 Färbe und zähle die Formen.

2 Traumauto von Trax

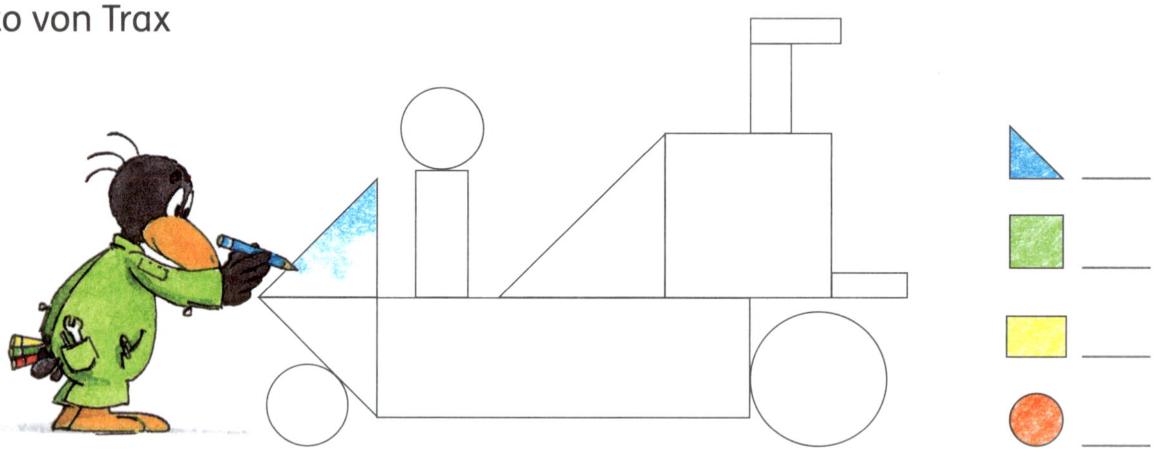

Traumauto von ____________________

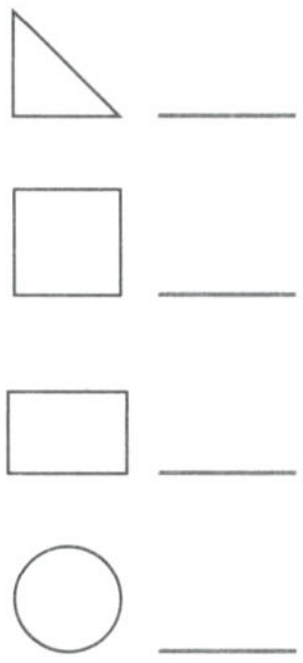

1 Geometrische Formen nach Vorgabe färben, Anzahl verwendeter Formen bestimmen. **2** Gleiche Formen in jeweils gleicher Farbe anmalen und die Anzahl verwendeter Formen notieren. Eigenes Traumauto zeichnen und anmalen.

SB 56 305–313

1 Lege aus. Zähle und zeichne.

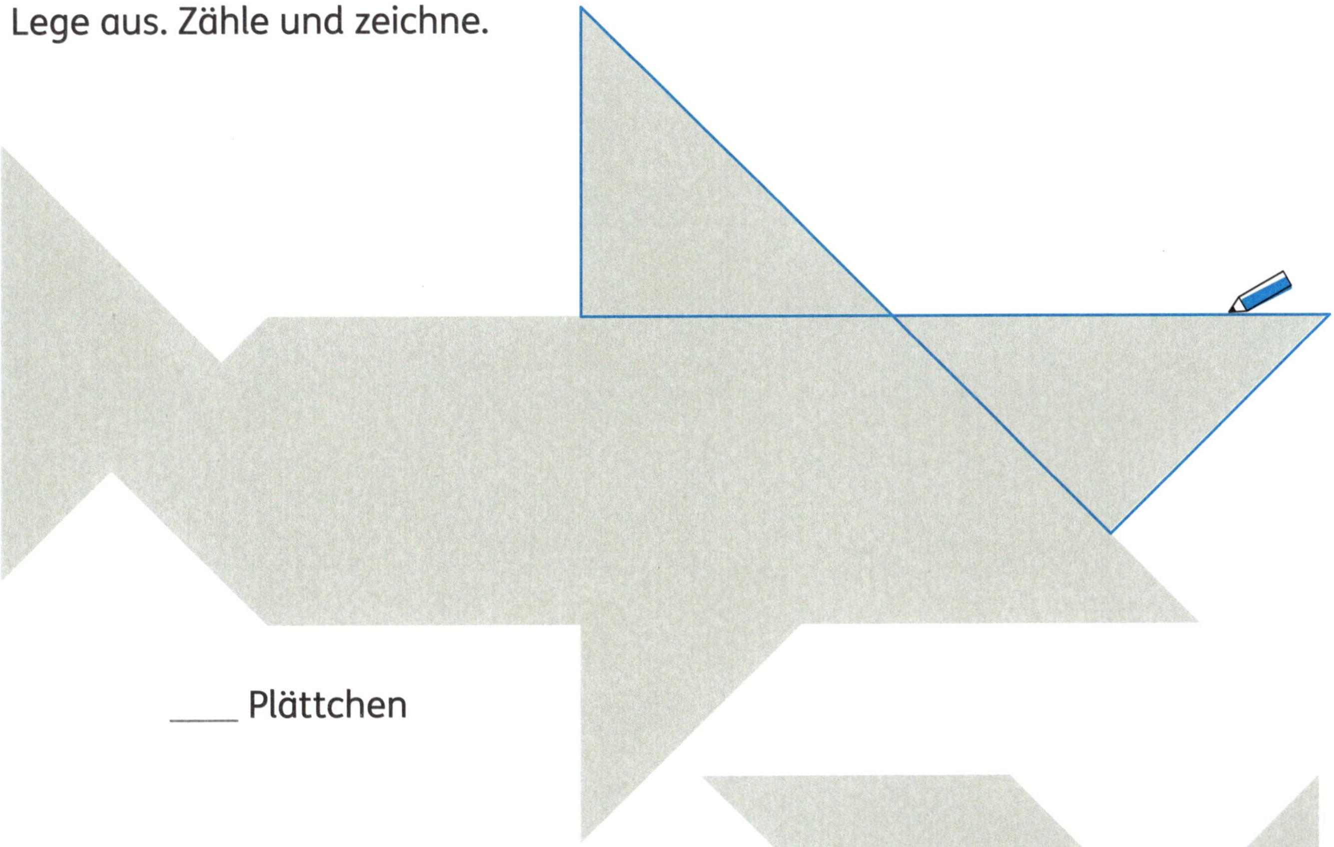

____ Plättchen

____ Plättchen

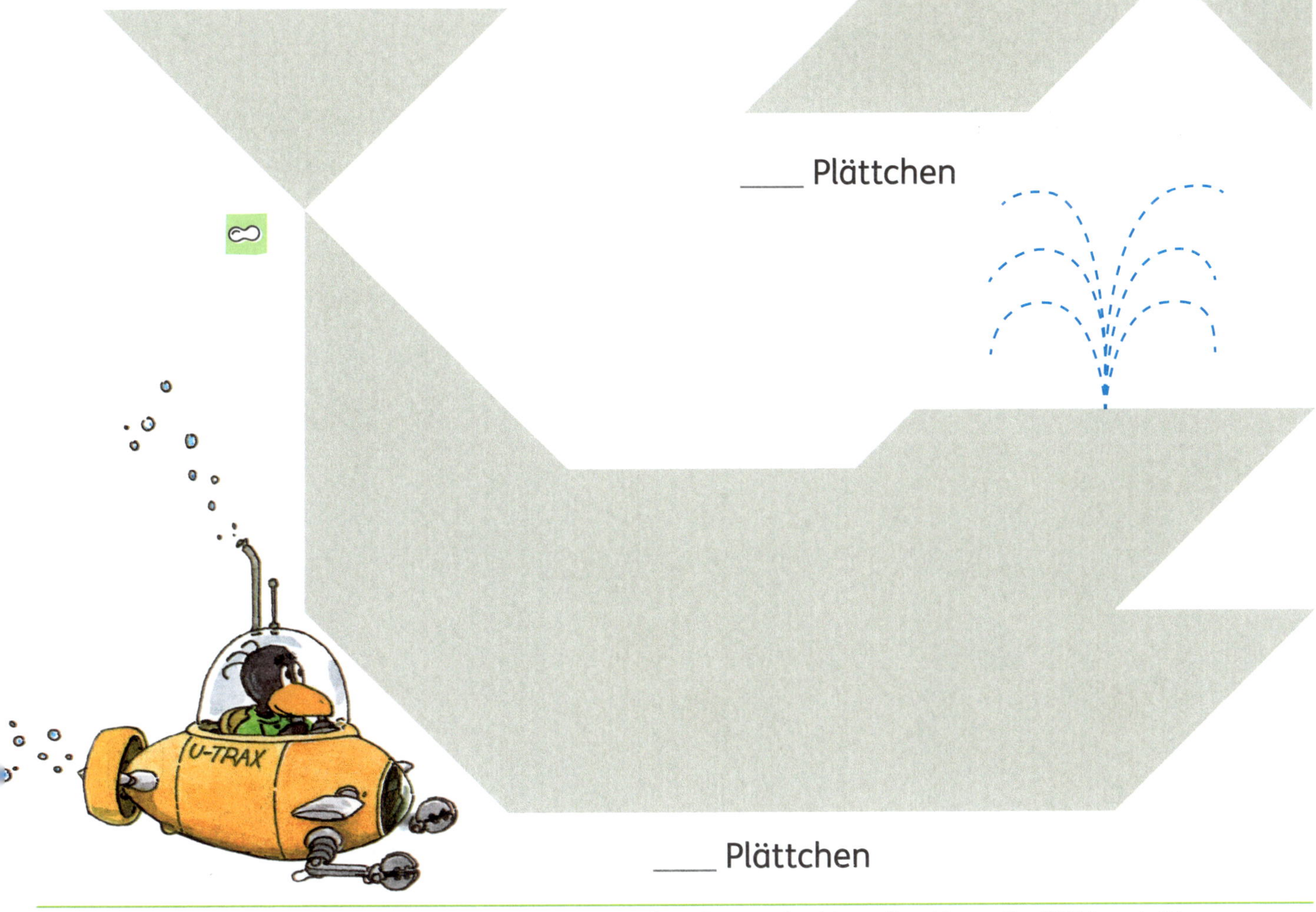

____ Plättchen

1 Figuren mit Geo-Plättchen auslegen. Umrisslinien der jeweils verwendeten Formen einzeichnen. Dazu können Geo-Plättchen als Schablone verwendet werden. Anzahl der verwendeten Geo-Plättchen notieren.

SB 58–59 **KV** 55

Mit Formen knobeln

1 Knack den Tresor.

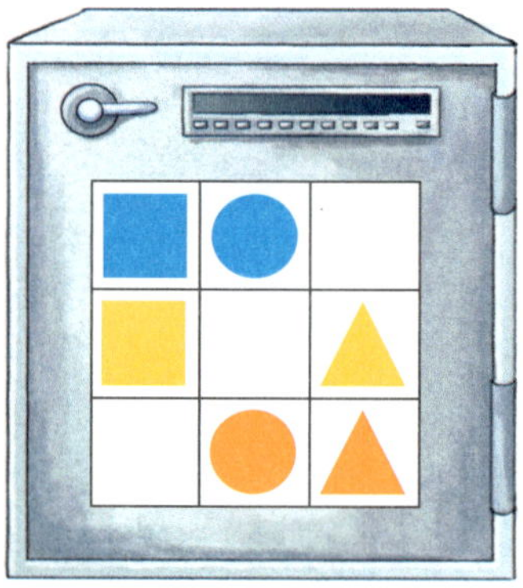
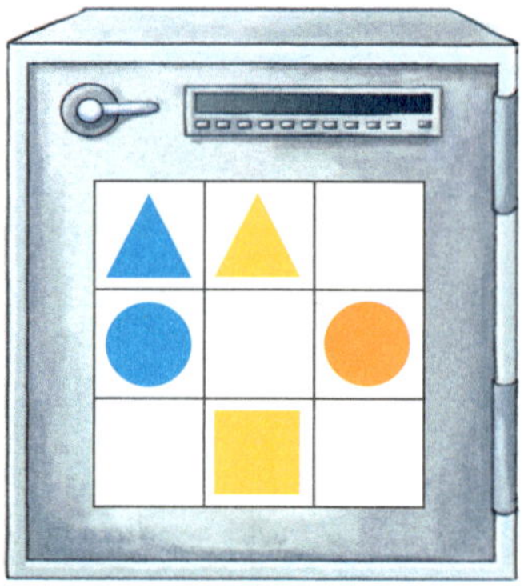

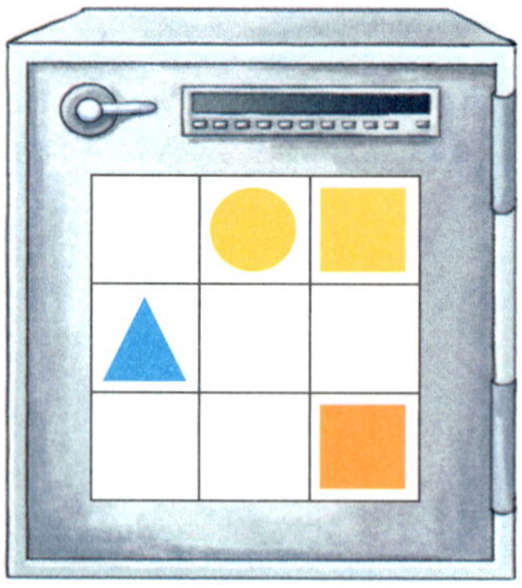

2 Knack den Tresor. Finde jeweils 2 Lösungen.

1, 2 Das Muster jeweils so ergänzen, dass entweder in einer Reihe nur gleiche Formen (z. B. nur Quadrate) oder nur eine Farbe (z. B. alle Plättchen sind blau) vorkommen. Bei den Nuss-Aufgaben jeweils zwei verschiedene Lösungen finden.

SB 60 **KV** 56 19, 32

1 Lege nach. Wie viele Quadrate siehst du?

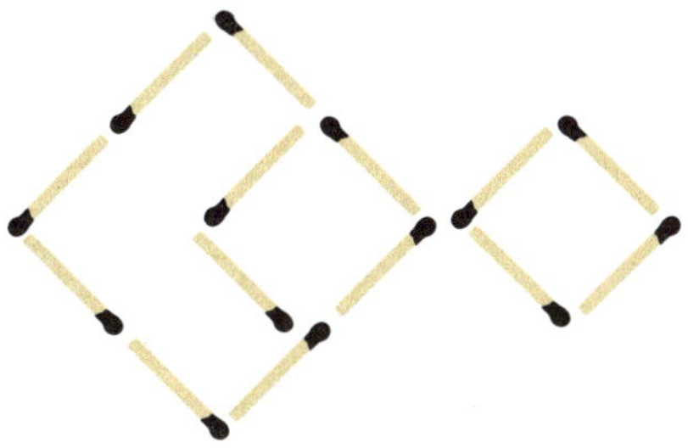

□ 3

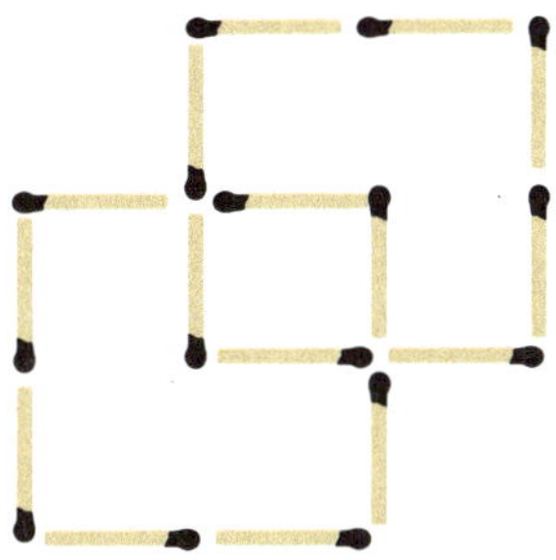

□ ___

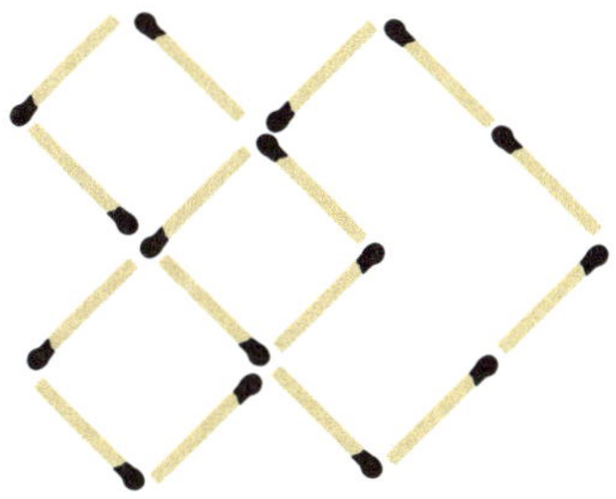

□ ___

2 Lege nach. Wie viele Dreiecke siehst du?

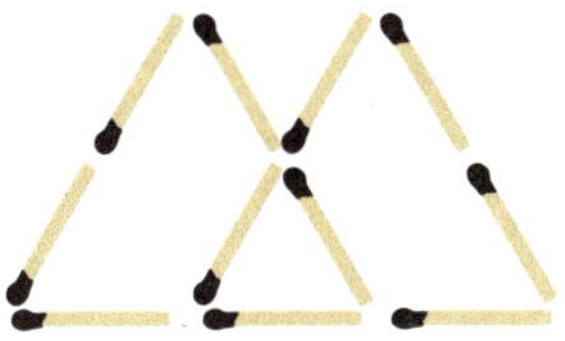

△ ___

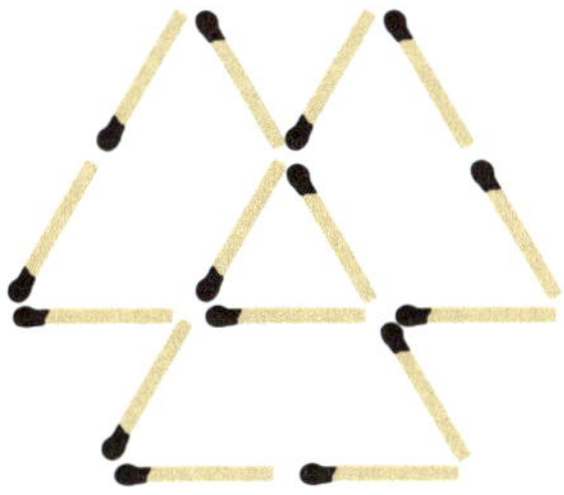

△ ___

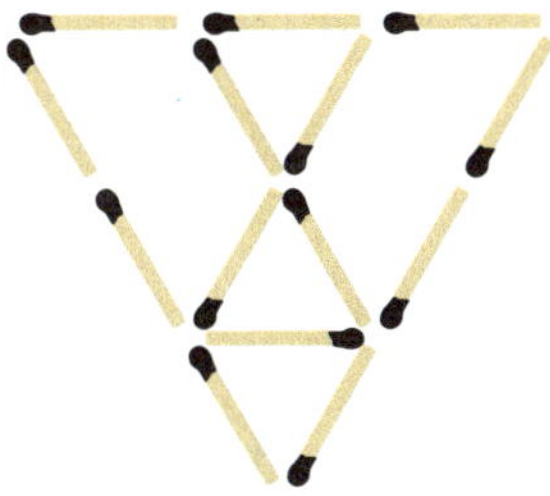

△ ___

3 Lege und male 2 dazu.

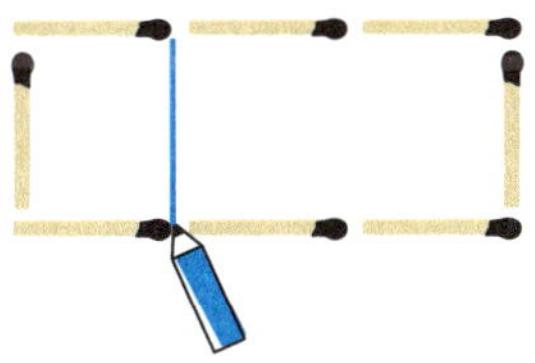

□ 3

Lege und male 4 dazu.

□ 5

Lege und male 4 dazu.

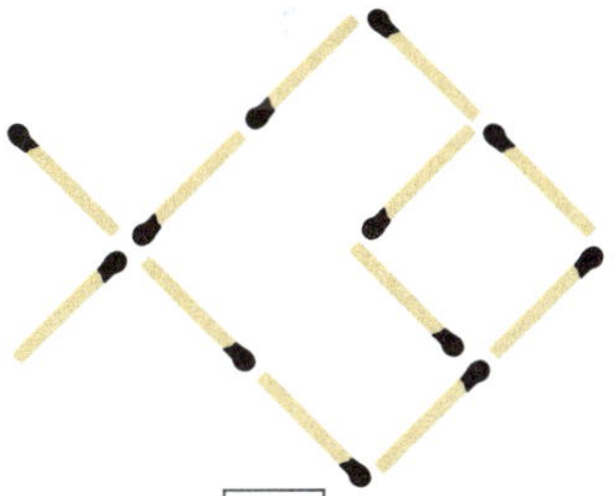

□ 6

Lege und male 3 dazu.

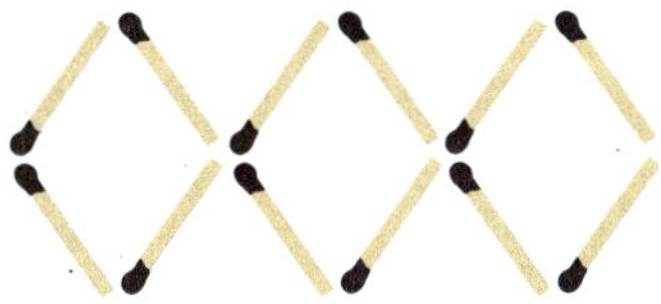

△ 6

Lege und male 2 dazu.

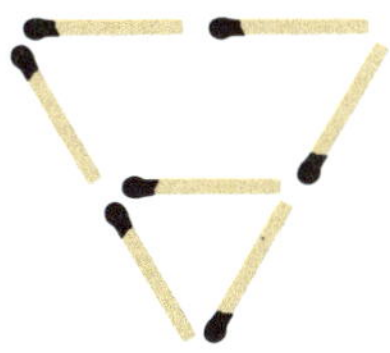

△ 5

Lege und male 2 dazu.

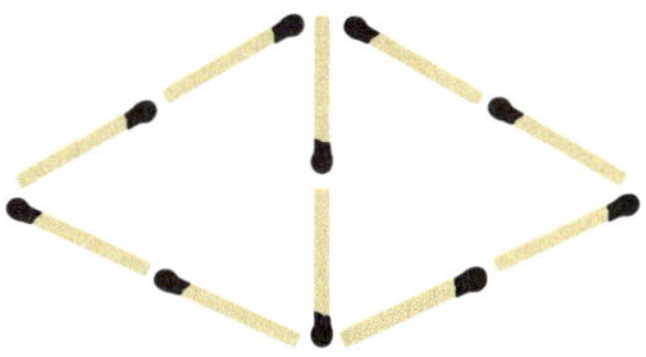

△ 4

1, 2 Anzahl der Quadrate/Dreiecke in den Streichholzfiguren bestimmen, alle unterschiedlichen Größen berücksichtigen. **3** Streichholzfiguren nachlegen und zum Erreichen der Zielfigur die jeweils angegebene Anzahl Streichhölzer dazulegen und einzeichnen.

Geldbeträge ermitteln

1 Immer 5 Euro.

2 Immer 10 Cent.

3

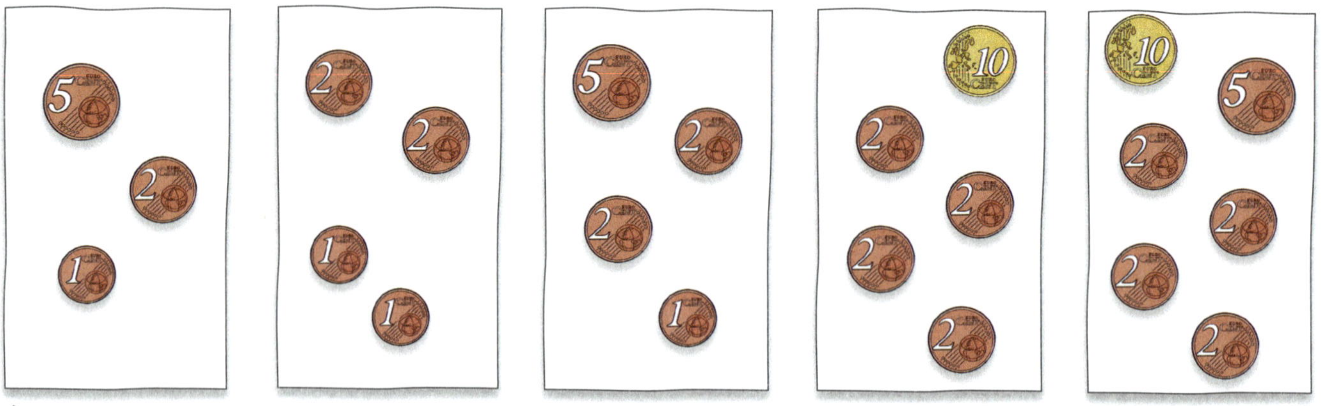

ct

4

€

1 So oft wie möglich 5 Euro einkreisen. **2** So oft wie möglich 10 Cent einkreisen. **3** Centbeträge nachlegen und den Wert aufschreiben. **4** Eurobeträge nachlegen und den Wert aufschreiben.

SB 63 262 – 264

1 Wie viele sind es?

2

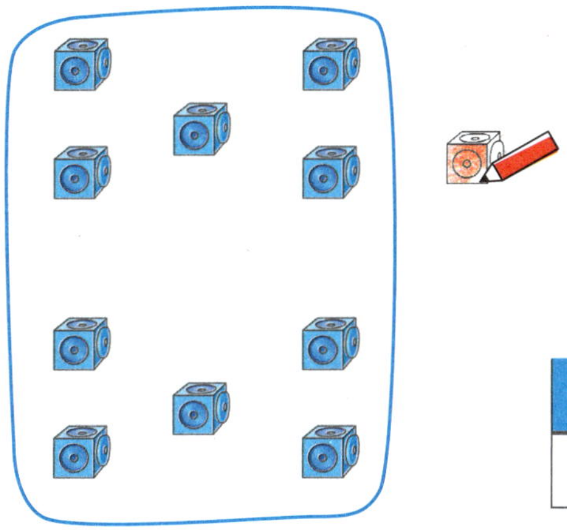

Z	E
1	

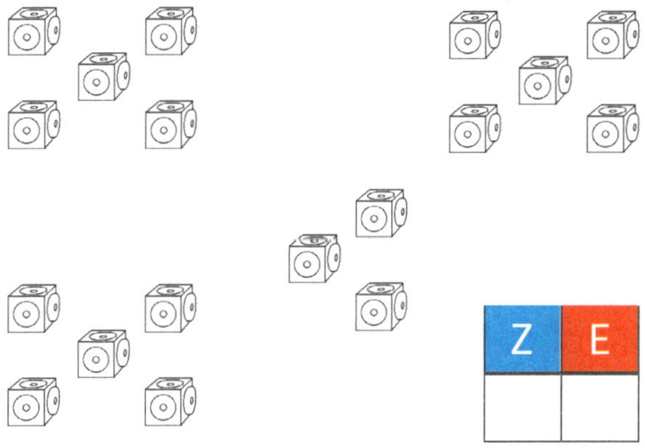

Z	E

3

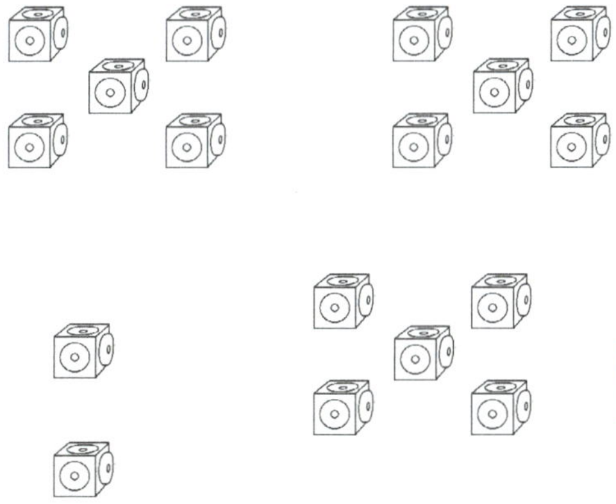

Z	E

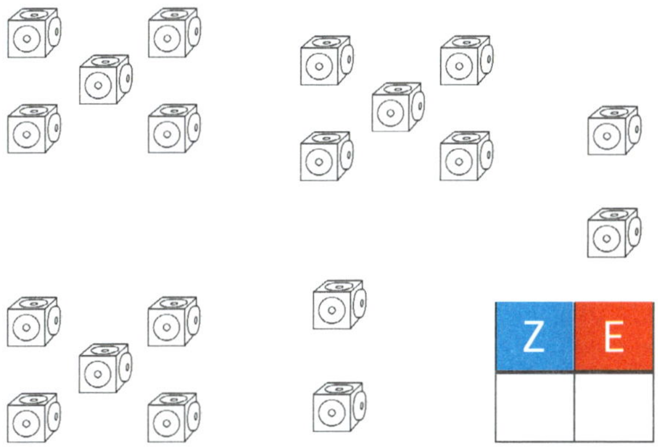

Z	E

4

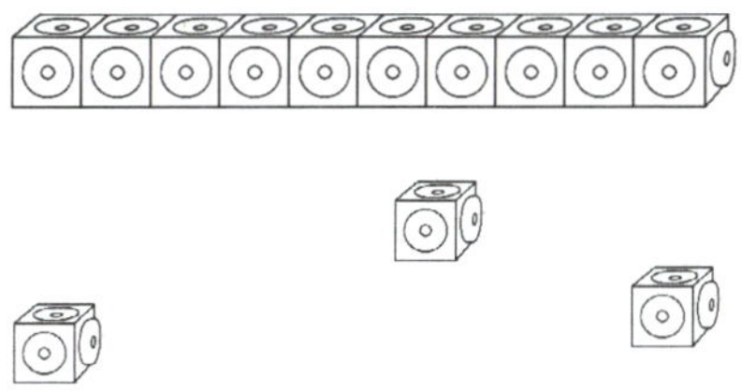

Z	E

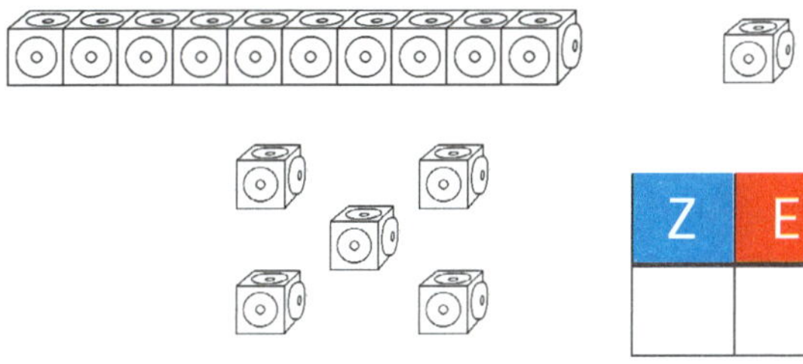

Z	E

1 Anzahl der Gegenstände bestimmen und notieren. **2–4** Zehner jeweils blau färben und einkreisen, restliche Steckwürfel rot färben und Zerlegung notieren.

SB 64–65 62, 64, 66–69, 71–72, 74–75

1 Kreise jeweils den Zehner ein.

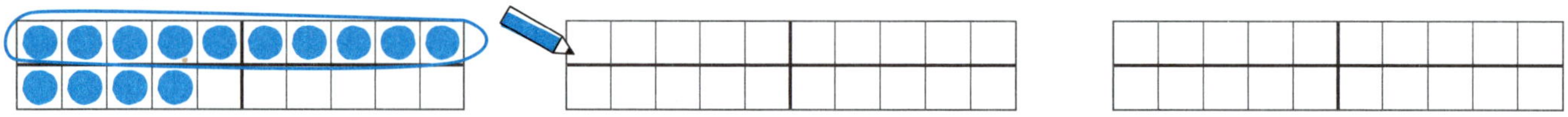

14 | 17 | 12

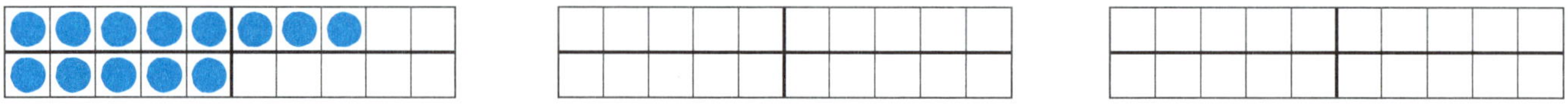

13 | 11 | 16

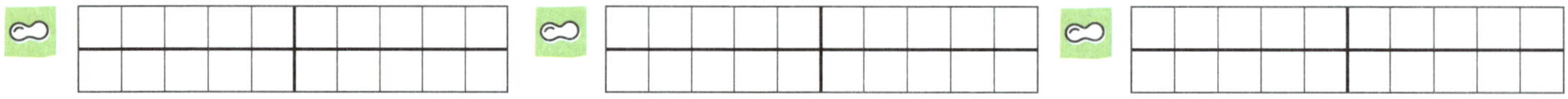

____ | ____ | ____

2

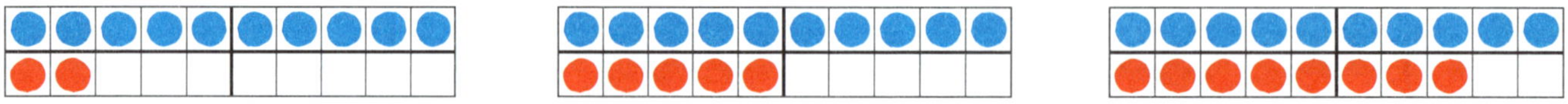

12 = 10 + 2 | 15 = ____ + ____ | ____ = ____ + ____

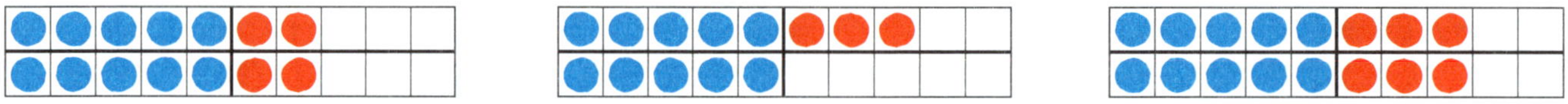

14 = ____ + ____ | ____ = ____ + ____ | ____ = ____ + ____

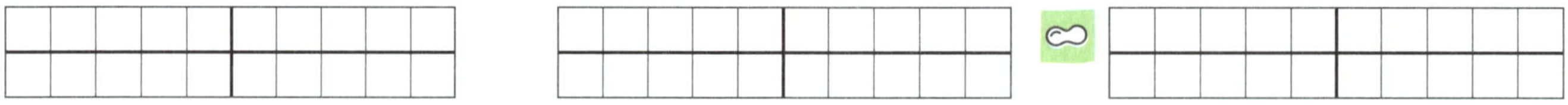

19 = ____ + ____ | 17 = ____ + ____ | ____ = ____ + ____

3

11 | 12 | 13 | 14 | 15

dreizehn | fünfzehn | elf | zwölf | vierzehn

siebzehn | neunzehn | zwanzig | sechzehn | achtzehn

16 | 17 | 18 | 19 | 20

1 Punkte im Zwanzigerfeld einzeichnen und Zehner einkreisen. **2** Zahlenzerlegungen vervollständigen.

SB 66 – 67 **KV** 59 – 60 76 – 77

1

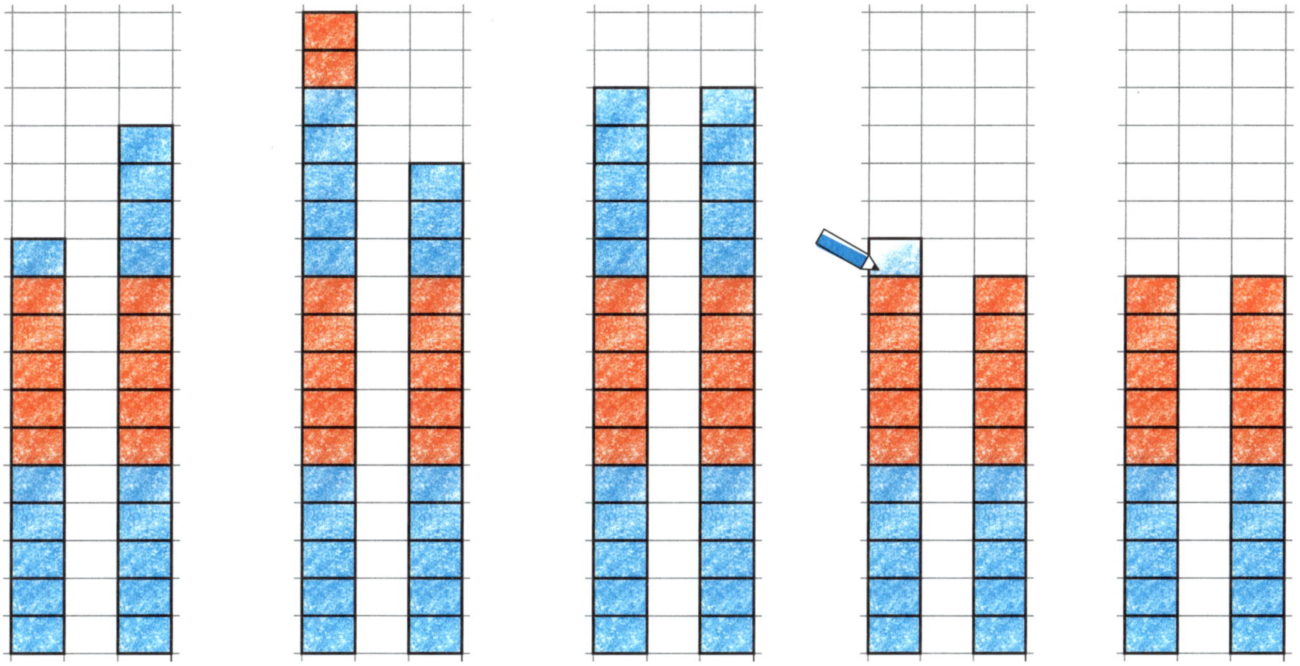

11 < 14 | ___ ○ ___ | ___ ○ ___ | 16 ○ 12 | 14 ○ 17

2

4 > 1	5 ○ 8	7 ○ 7	9 ○ 3	0 ○ 10
14 ○ 11	15 ○ 18	17 ○ 17	19 ○ 13	10 ○ 20
6 ○ 9	2 ○ 5	3 ○ 10	7 ○ 0	8 ○ 4
16 ○ 19	12 ○ 15	13 ○ 20	17 ○ 10	18 ○ 14

3

16 < 19	12 ○ 14	15 ○ 11	17 = ___	21 = ___
16 ○ 18	13 ○ 14	19 ○ 20	17 < ___	21 > ___
16 ○ 17	14 ○ 14	8 ○ 12	17 < ___	21 > ___
16 ○ 16	15 ○ 14	13 ○ 7	17 > ___	21 < ___
16 ○ 15	16 ○ 14	12 ○ 16	17 > ___	21 < ___

4 Ordne nach der Größe.

11 8 14 12 ~~5~~

5 ___ ___ ___ ___

6 18 3 4 11

___ ___ ___ ___ ___

19 16 7 10 18

___ ___ ___ ___ ___

15 17 13 2 20

___ ___ ___ ___ ___

1 Den Türmen Zahlen zuordnen und vergleichen oder Türme vervollständigen und vergleichen. **2** Zahlen aus dem 1. und 2. Zehner paarweise vergleichen. **4** Zahlen der Größe nach ordnen.

SB 68 63, 65, 70, 73, 78–80

1 Immer 15.

9 + 6 | 10 + ___ | 5 + ___ | 8 + ___

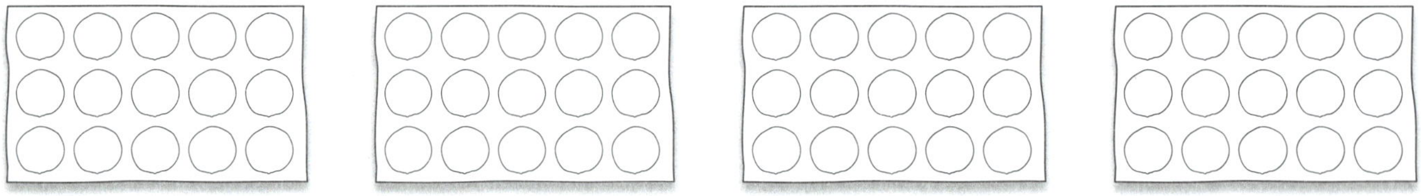

___ + 4 | ___ + 2 | ___ + 14 | ___ + 0

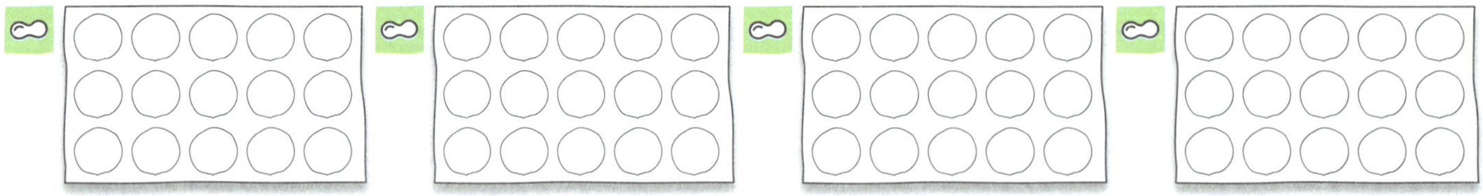

___ + ___ | ___ + ___ | ___ + ___ | ___ + ___

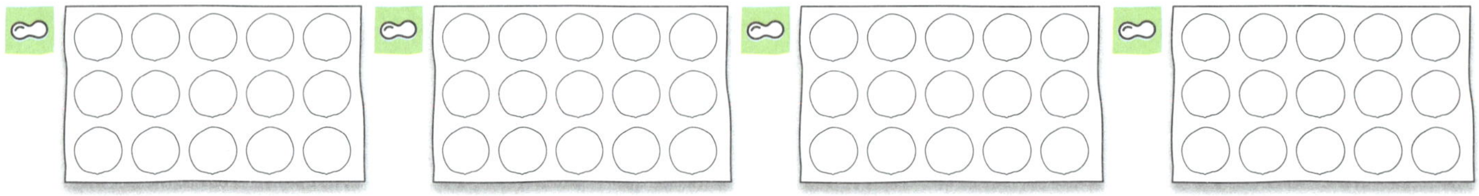

___ + ___ | ___ + ___ | ___ + ___ | ___ + ___

2 Lege Plättchen und zerlege.

19	14	20	
19 + 0	14 + ___	20 + ___	___ + ___
18 + ___	13 + ___	___ + 1	___ + ___
17 + ___	12 + ___	18 + ___	___ + ___
16 + ___	___ + ___	___ + ___	___ + ___
15 + ___	___ + ___	___ + ___	___ + ___
14 + ___	___ + ___	___ + ___	___ + ___
13 + ___	___ + ___	___ + ___	___ + ___
12 + ___	___ + ___	___ + ___	___ + ___

1 Punkte passend zur Zerlegung von 15 färben, Zerlegung vervollständigen und notieren. **2** Plättchen im Zwanzigerfeld legen. Zerlegungen in Zerlegungshäusern finden und notieren.

1

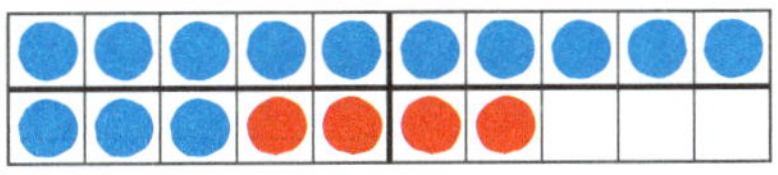

3 + 4 = 7

13 + 4 = ____

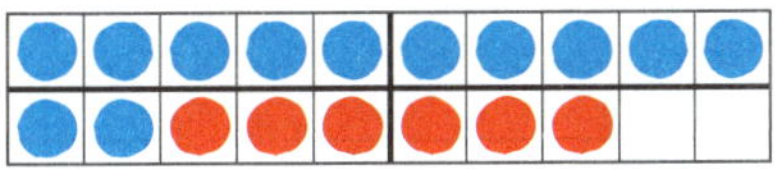

____ + ____ = ____

____ + ____ = ____

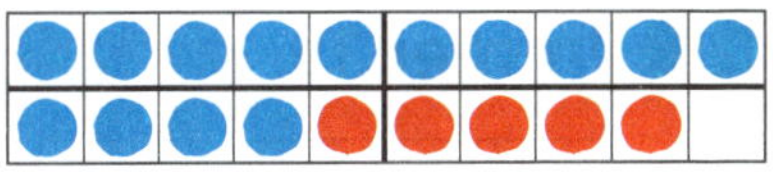

____ + ____ = ____

____ + ____ = ____

____ + ____ = ____

11 + 4 = ____

____ + ____ = ____

15 + 3 = ____

____ + ____ = ____

18 + 2 = ____

2

6 + 3 = 9

16 + 3 = ____

____ + ____ = ____

14 + 1 = ____

____ + ____ = ____

11 + 6 = ____

____ + ____ = ____

15 + 2 = ____

____ + ____ = ____

12 + 0 = ____

____ + ____ = ____

10 + 8 = ____

____ + ____ = ____

17 + 3 = ____

____ + ____ = ____

16 + 4 = ____

3

10 + 2 = ____	12 + 5 = ____	14 + 1 = ____	11 + 9 = ____
11 + 3 = ____	16 + 2 = ____	12 + 4 = ____	13 + 2 = ____
13 + 0 = ____	14 + 3 = ____	10 + 7 = ____	15 + 5 = ____
17 + 2 = ____	11 + 1 = ____	17 + 0 = ____	16 + 1 = ____
15 + 4 = ____	18 + 0 = ____	13 + 6 = ____	12 + 8 = ____
12 13 14 15 19 19	12 16 17 17 18 18	14 15 16 17 17 19	15 17 19 20 20 20

4

13 + 3 | 17 + 1 | 12 + 2 | 11 + 5 | 10 + 4 | 13 + 1 | 11 + 7

13 + 5 | 10 + 6

14 + 4 | 15 + 1 | 14 + 0

____ + ____ | ____ + ____ | ____ + ____ | ____ + ____

12 + 0 + 2 | 11 + 3 + 5 | 10 + 1 + 7 | 11 + 2 + 3

1 Aufgabe und Hilfsaufgabe aus Darstellung im Zwanzigerfeld ableiten und lösen bzw. zuerst Punkte im Zwanzigerfeld einzeichnen. **2** Zur Aufgabe die Hilfsaufgabe finden und lösen. **4** Aufgabenkarten mit der Farbe der Lösung anmalen. Für das Ergebnis 19 passende Aufgaben finden.

SB 70 **KV** 51, 62 167 – 168

1

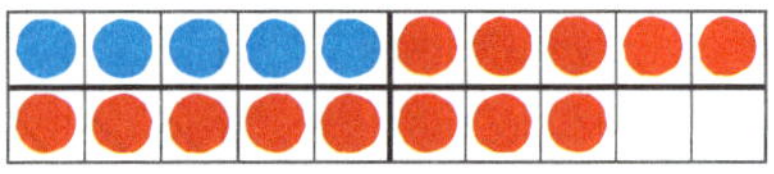

5 + 13 = ____
13 + 5 = ____

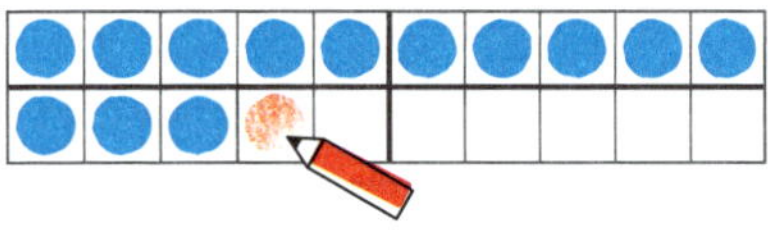

2 + 14 = ____
____ + ____ = ____

4 + 15 = ____
____ + ____ = ____

1 + 19 = ____
____ + ____ = ____

8 + 12 = ____
____ + ____ = ____

3 + 17 = ____
____ + ____ = ____

2

2 + 12 = ____	5 + 14 = ____	1 + 16 = ____	3 + 15 = ____
12 + 2 = ____	____ + ____ = ____	____ + ____ = ____	____ + ____ = ____
6 + 14 = ____	4 + 13 = ____	0 + 19 = ____	2 + 13 = ____
____ + ____ = ____	____ + ____ = ____	____ + ____ = ____	____ + ____ = ____
8 + 11 = ____	5 + 15 = ____	3 + 10 = ____	7 + 12 = ____
____ + ____ = ____	____ + ____ = ____	____ + ____ = ____	____ + ____ = ____

3 Zu jeder Aufgabe passt eine Tauschaufgabe. Ergänze, rechne und verbinde.

9 + 11 = ____
3 + 16 = ____
4 + 14 = ____
7 + 13 = ____
12 + 1 = ____
10 + 5 = ____
18 + 2 = ____

11 + 9 = ____
16 + ____ = ____
____ + 10 = ____
13 + ____ = ____
____ + 18 = ____
____ + 12 = ____
14 + ____ = ____

SB 71

1

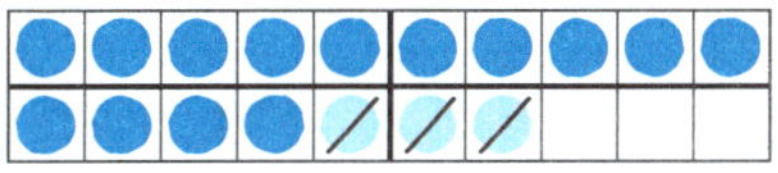

7 – 3 = 4
17 – 3 = ___

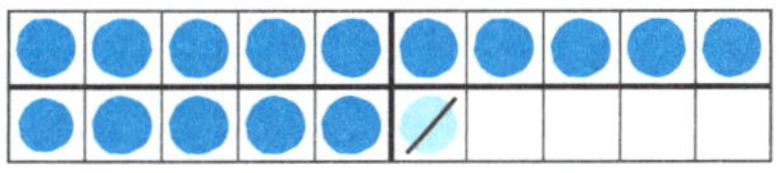

___ – ___ = ___
___ – ___ = ___

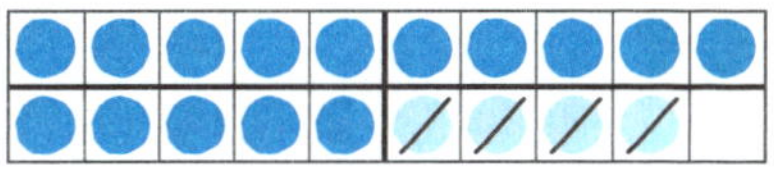

___ – ___ = ___
___ – ___ = ___

___ – ___ = ___
18 – 2 = ___

___ – ___ = ___
15 – 5 = ___

___ – ___ = ___
20 – 3 = ___

2

8 – 3 = 5	___ – ___ = ___	___ – ___ = ___	___ – ___ = ___
18 – 3 = ___	16 – 4 = ___	12 – 2 = ___	19 – 7 = ___
___ – ___ = ___	___ – ___ = ___	___ – ___ = ___	___ – ___ = ___
15 – 1 = ___	17 – 5 = ___	14 – 0 = ___	20 – 9 = ___

3

15 – 2 = ___	18 – 5 = ___	19 – 9 = ___	18 – 7 = ___
17 – 6 = ___	13 – 3 = ___	15 – 4 = ___	20 – 2 = ___
14 – 1 = ___	20 – 4 = ___	18 – 1 = ___	17 – 1 = ___
12 – 0 = ___	14 – 2 = ___	16 – 5 = ___	19 – 8 = ___
19 – 3 = ___	16 – 0 = ___	20 – 3 = ___	13 – 0 = ___
11 12 13 13 15 16	10 12 13 14 16 16	10 11 11 16 17 17	10 11 11 13 16 18

4

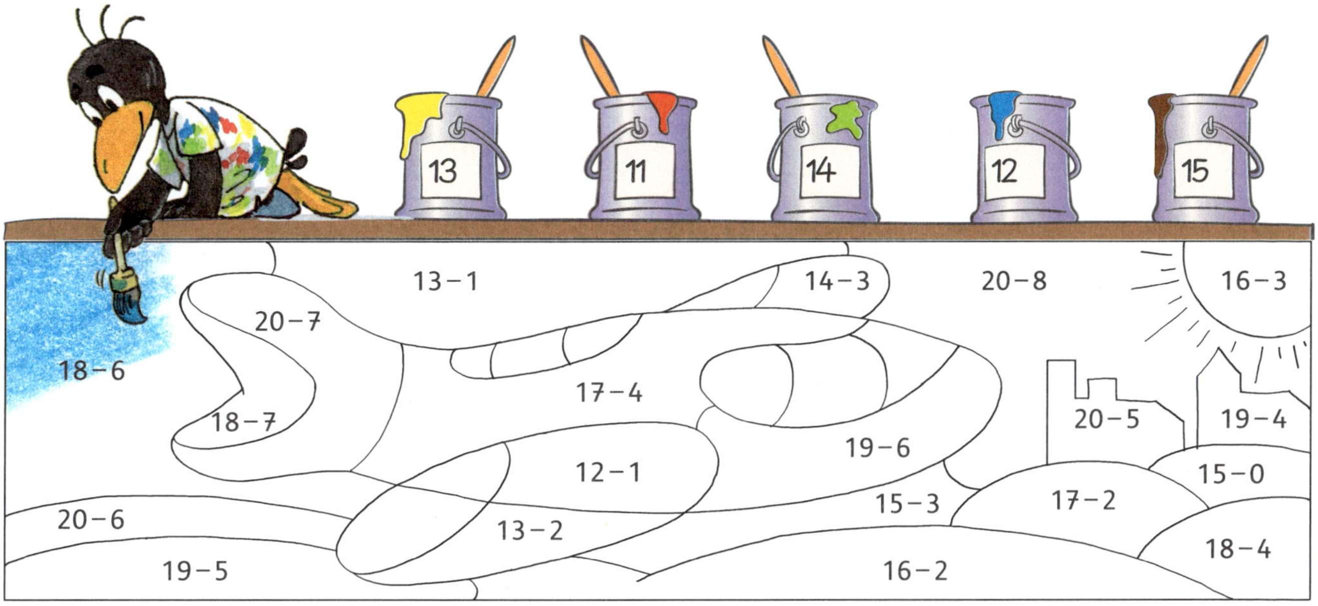

1 Aufgabe und Hilfsaufgabe aus Darstellung im Zwanzigerfeld ableiten und lösen bzw. zuerst Punkte im Zwanzigerfeld einzeichnen.
2 Zur Aufgabe die Hilfsaufgabe finden und lösen. **4** Aufgabenfelder in den Farben der Ergebnisse ausmalen.

SB 72 **KV** 51, 62 169 – 170

1

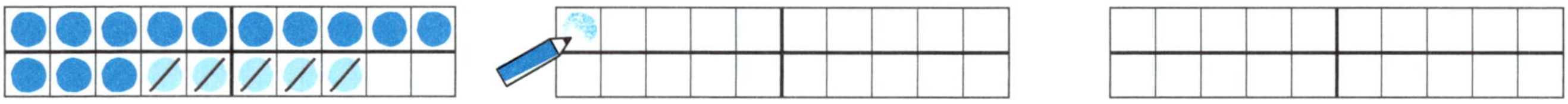

18 − 5 = 13 | 16 − 2 = ___ | 19 − 8 = ___

13 + 5 = ___ | ___ + 2 = ___ | ___ + ___ = ___

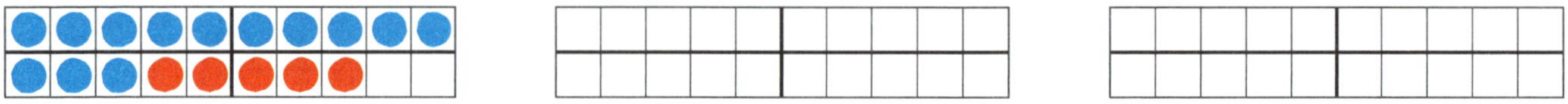

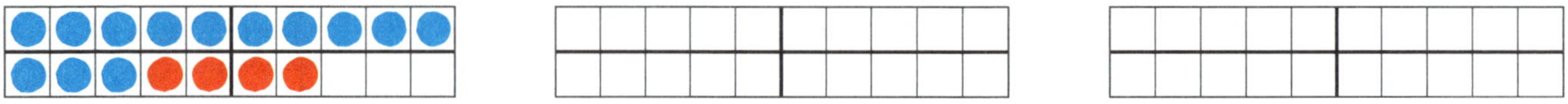

13 + 4 = ___ | 11 + 9 = ___ | 15 + 0 = ___

___ − 4 = ___ | ___ − 9 = ___ | ___ − ___ = ___

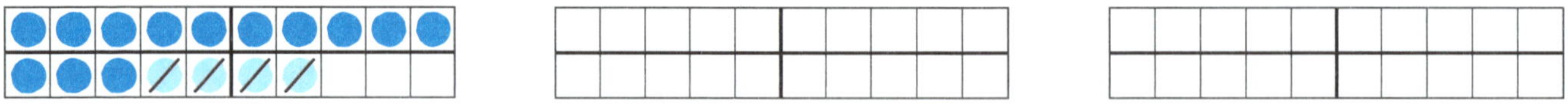

2

15 − 2 = 13 | 20 − 5 = ___ | 17 − 6 = ___ | 14 − 4 = ___

13 + ___ | ___ | ___ | ___

19 − 1 = ___ | 12 − 0 = ___ | 18 − 7 = ___ | 19 − 3 = ___

___ | ___ | ___ | ___

14 + 3 = 17 | 15 + 4 = ___ | 12 + 8 = ___ | 10 + 6 = ___

17 − ___ | ___ | ___ | ___

3 Verbinde jede Aufgabe mit ihrer Umkehraufgabe.

15 + 3 = 18
19 − 2 = ___
12 + 7 = ___
14 + 6 = ___
13 + 5 = ___
18 − 5 = ___
19 − 7 = ___
18 − 3 = ___
20 − 6 = ___
17 + 2 = ___
20 − 4 = ___
16 + 4 = ___

1 Für die Aufgaben Punkte im Zwanzigerfeld einzeichnen, lösen und Umkehraufgabe ableiten. **2** Zur Aufgabe die Umkehraufgaben finden und lösen. **3** Die Aufgaben ausrechnen und mit ihrer Umkehraufgabe verbinden.

SB 73 171 – 172

1

2

+	3	2	5
5	8		
1			

+	4	1	7
11			
13			

+	3	2	0
16			
17			

+	2	3	
4			8
6			

+	4	7	
10			
12			17

3

–	5	7	3
7	2		
9			

–	4	2	1
14			
18			

–	8	9	5
20			
19			

–	2	3	
5			1
8			

–	2	0	
15			
17			14

1 Nach Vorgabe Häuser in die Tabelle malen. **2, 3** Tabellen ausfüllen.

1 Verdopple.

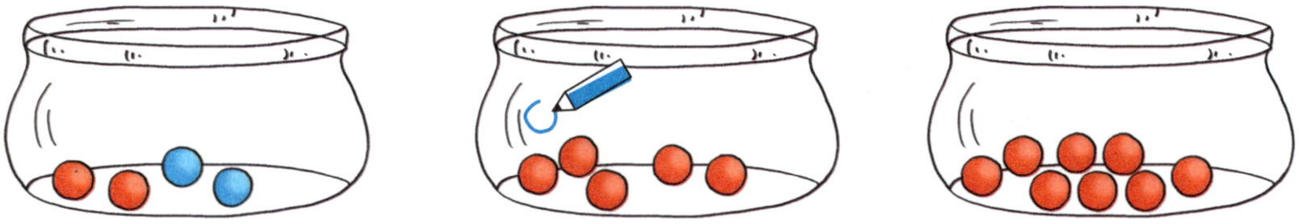

2 + 2 = 4 5 + 5 = ___ 8 + ___ = ___

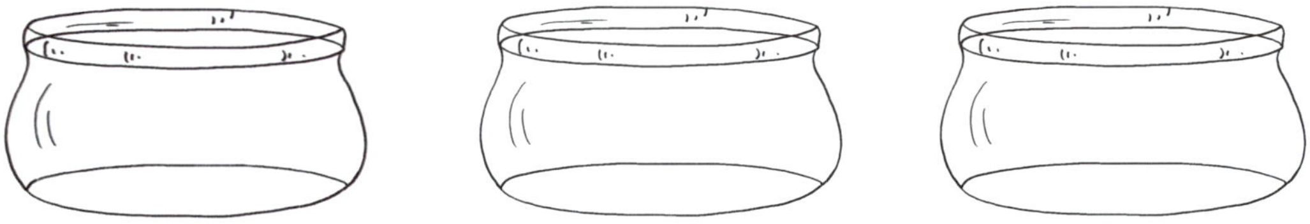

3 + ___ = ___ 4 + ___ = ___ 7 + ___ = ___

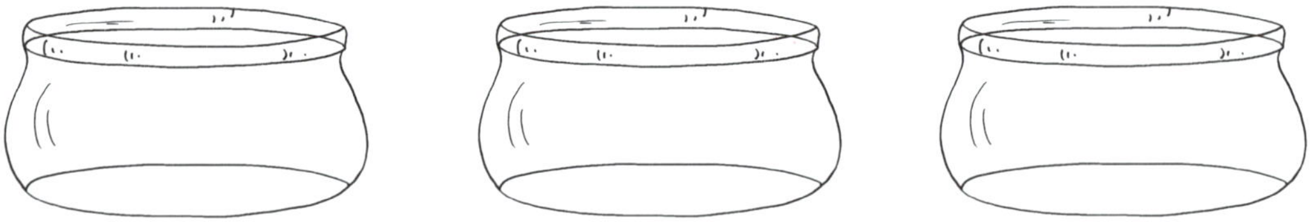

___ + ___ = ___ ___ + ___ = ___ ___ + ___ = ___

das Doppelte	
2	4
5	
8	

2 Halbiere.

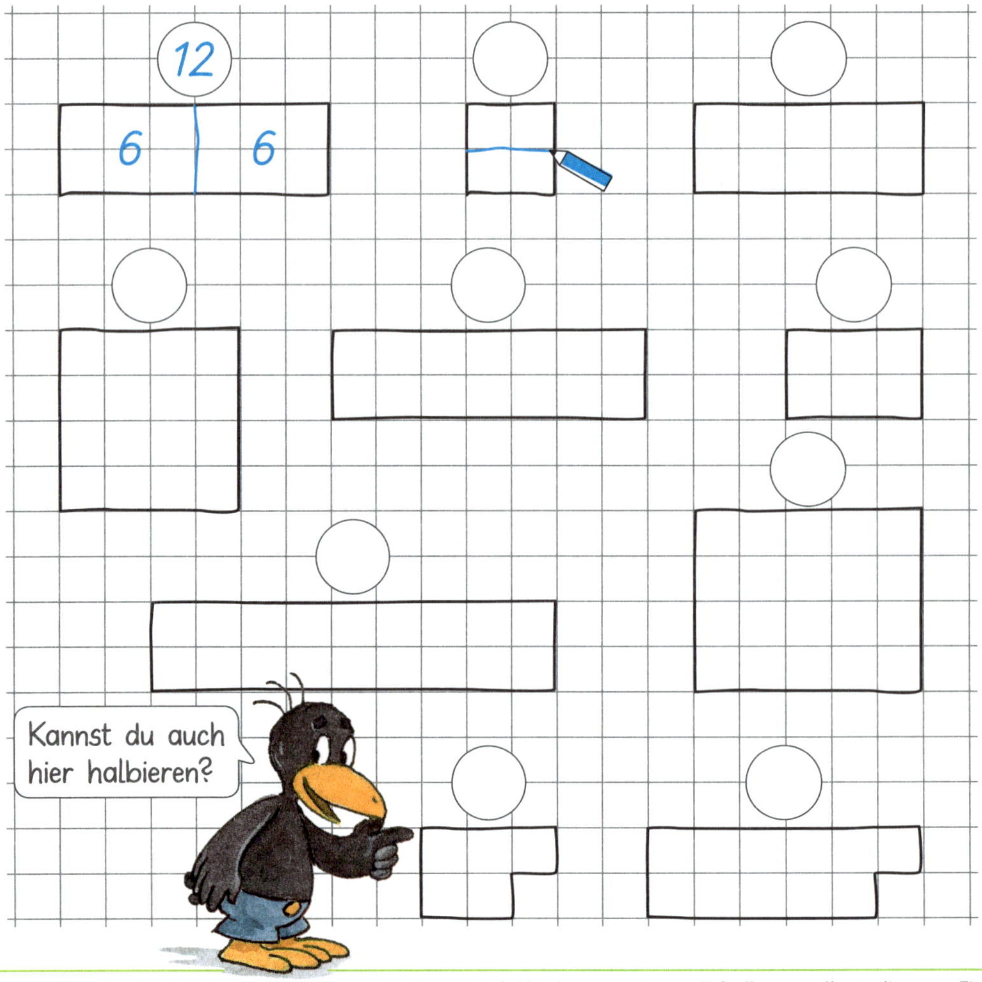

die Hälfte	
12	6
4	2
10	

1 Anzahl der Kugeln verdoppeln, einzeichnen und Gleichung notieren. Tabelle vervollständigen. **2** Figuren (wenn möglich) halbieren und Zahlen zuordnen. Tabelle vervollständigen.

SB 76–77

1 Immer 12 Cent.

2

12 + 3 = ____	11 + 8 = ____	16 − 3 = ____	14 − 0 = ____
15 + 4 = ____	13 + 5 = ____	20 − 1 = ____	17 − 5 = ____
17 + 1 = ____	14 + 2 = ____	12 − 2 = ____	15 − 1 = ____
10 + 6 = ____	19 + 1 = ____	19 − 6 = ____	20 − 4 = ____
18 + 2 = ____	20 + 0 = ____	18 − 5 = ____	19 − 3 = ____
15 16 17 18 19 20	15 16 18 19 20 20	10 12 13 13 13 19	12 14 14 15 16 16

3

oben	unten links	unten rechts
	15	1
	11	7
	13	4
	1	16
	3	14
	2	18
19	3	
15	2	
16	6	
17		4
18		6
14		10
19		
19		
20		
20		
21		
21		

4 Finde Mauern, die du aus diesen Steinen bauen kannst.

Es gibt 8 Lösungen.

oben	unten links	unten rechts
10	4	6

1 Lege mit möglichst wenig Münzen.

Betrag	gelegt	Betrag	gelegt
1 ct	1ct	6 ct	
2 ct		7 ct	
3 ct		8 ct	
4 ct		9 ct	
5 ct		10 ct	

2 Immer 7 Cent.

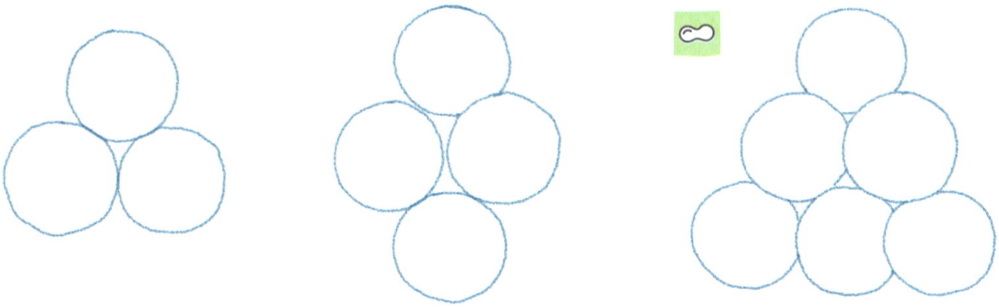

3 Immer 9 Cent.

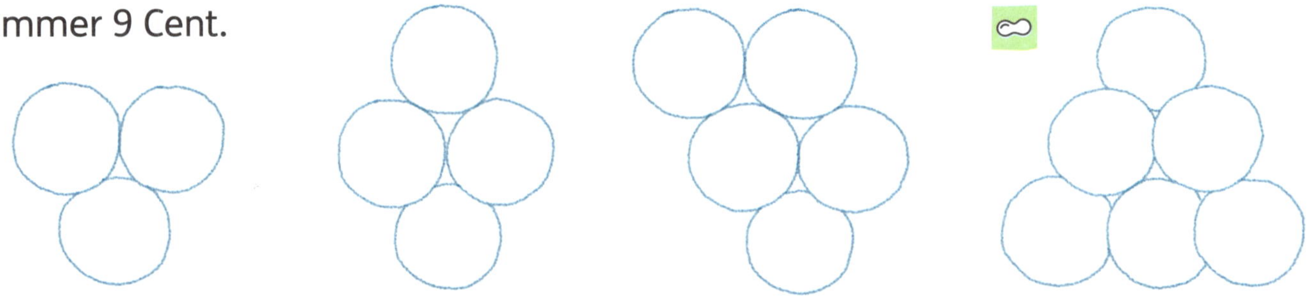

4 Was ist zu viel? Streiche durch.

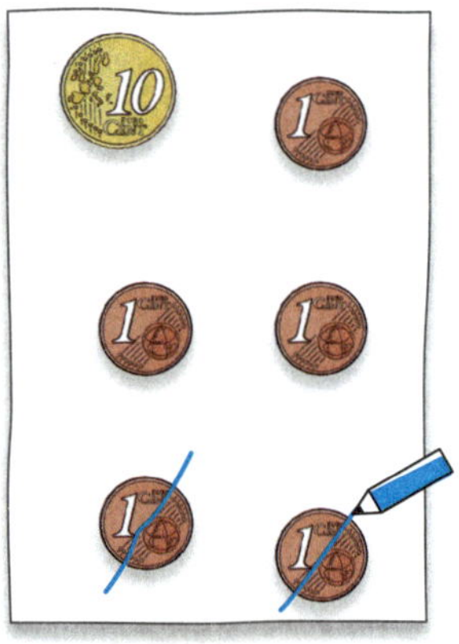

13 ct

15 ct

17 ct

19 ct

1 Geldbeträge mit möglichst wenig Münzen legen. **2, 3** Angebenen Betrag mit vorgegebenen Münzenanzahlen legen. **4** Überschüssige Münzen wegstreichen.

1

Betrag				
13 €		||	|	|
13 €				
13 €				
13 €				
13 €				

Betrag				
18 €				
18 €				
18 €				
18 €				
18 €				

2 Immer 8 Euro.

3 Immer 10 Euro.

4 Was ist zu viel? Streiche durch.

14 €

16 €

18 €

20 €

1

4 € + 3 € =

2

3

4

5

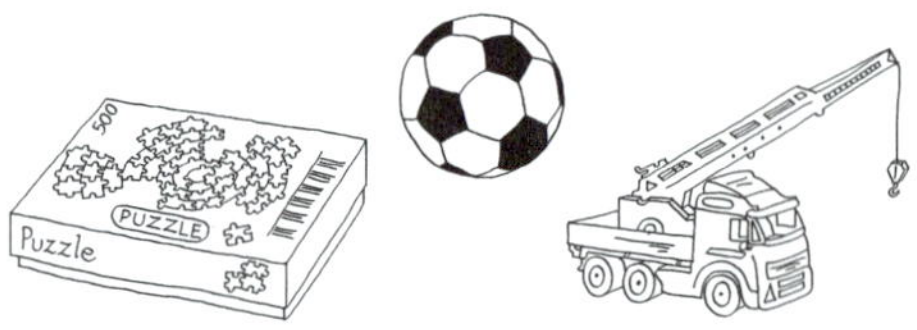

6

1–6 Gesamtpreis berechnen und den Geldbetrag in Münzen bzw. Scheinen malen.

SB 82 265–266

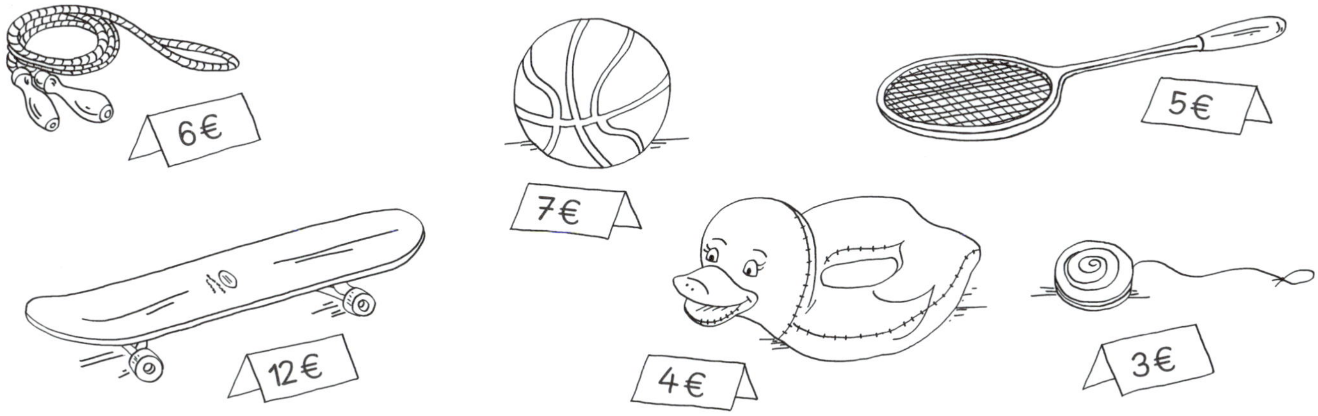

1 Trax hat: Er kauft:

10 € - 5 € =

Er hat noch ____€ übrig.

2 Ali hat: Er kauft:

Er hat noch ____€ übrig.

3 Lea hat: Sie kauft:

 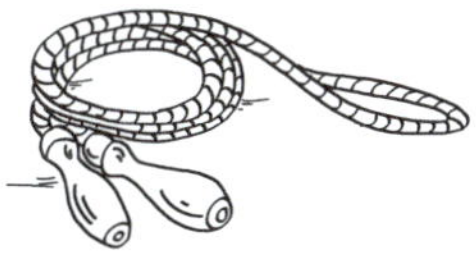

Sie hat noch ____€ übrig.

4 Paula hat: Sie kauft:

Sie hat noch ____€ übrig.

5 Jona hat: Er kauft:

Er hat noch ____€ übrig.

6 Mia hat: Sie kauft:

 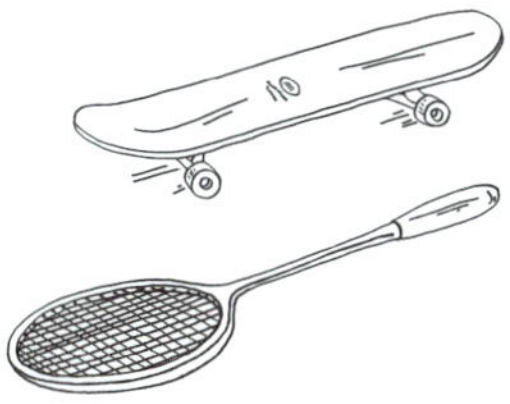

Sie hat noch ____€ übrig.

1–6 Restgeld berechnen und notieren.

1 Immer 10.

5
6 5
5 2 3 5
9
4 7
1 1
8 1
3 4
9 4 9
7 6 6 2
3
5 6
2 1 7 8
4
8 5 9

2 Zuerst 10, dann weiter.

6 + 4 + 3 = ___	3 + 7 + 4 = ___	9 + 1 + 6 = ___
8 + 2 + 9 = ___	1 + 9 + 7 = ___	5 + 5 + 7 = ___
5 + 5 + 2 = ___	4 + 6 + 9 = ___	3 + 7 + 0 = ___
7 + 3 + 6 = ___	2 + 8 + 4 = ___	8 + 2 + 5 = ___
9 + 1 + 3 = ___	10 + 0 + 6 = ___	0 + 10 + 9 = ___
12 13 13 16 17 19	14 14 16 16 17 19	10 15 16 17 18 19

3

4	5	8	9
4 + ___	___ + 0	___ + 0	9 + ___
3 + ___	___ + 1	___ + 1	8 + ___
___ + ___	___ + ___	___ + ___	___ + ___
___ + ___	___ + ___	___ + ___	___ + ___
___ + ___	___ + ___	___ + ___	___ + ___
		___ + ___	___ + ___
		___ + ___	___ + ___
		___ + ___	___ + ___
		___ + ___	___ + ___

1 Immer 2 Ziffern einkreisen, deren Summe 10 ergibt.

1

8+6

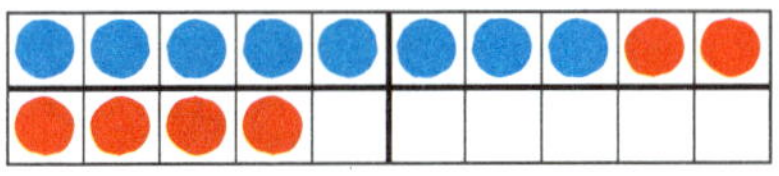

8 + 2 = 10

10 + ___ = ___

7+6

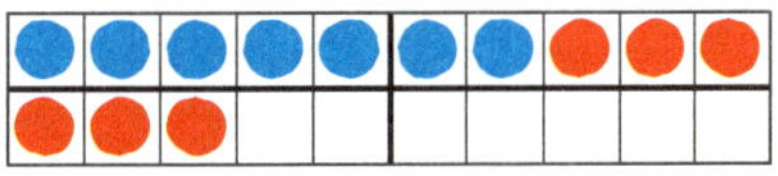

___ + ___ = 10

___ + ___ = ___

6+7

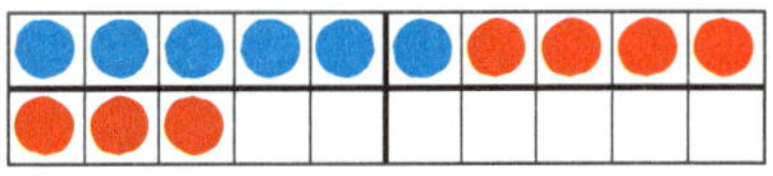

___ + ___ = 10

___ + ___ = ___

5+9

5 + ___ = ___

___ + ___ = ___

8+7

___ + ___ = ___

___ + ___ = ___

9+2

___ + ___ = ___

___ + ___ = ___

9+6

___ + ___ = ___

___ + ___ = ___

7+5

___ + ___ = ___

___ + ___ = ___

9+8

___ + ___ = ___

___ + ___ = ___

7+8

___ + ___ = ___

___ + ___ = ___

9+5

___ + ___ = ___

___ + ___ = ___

4+8

___ + ___ = ___

___ + ___ = ___

2

7 + 0 = ___
7 + 2 = ___
7 + 4 = ___
___ + ___ = ___
___ + ___ = ___
___ + ___ = ___
___ + ___ = ___

2 + 9 = ___
3 + 8 = ___
4 + 7 = ___
___ + ___ = ___
___ + ___ = ___
___ + ___ = ___
___ + ___ = ___

3 + 8 = ___
3 + 9 = ___
4 + 8 = ___
4 + 9 = ___
___ + ___ = ___
___ + ___ = ___
___ + ___ = ___

6 + 8 = ___
7 + 8 = ___
6 + 7 = ___
7 + 7 = ___
___ + ___ = ___
___ + ___ = ___
___ + ___ = ___

1 Aufgaben im Zwanzigerfeld legen, zeichnen und lösen. **2** Aufgabenrollen lösen. Bildungsregel der Aufgabenreihen erkennen und fortführen.

SB 85 **KV** 62 173–174

1 Wie rechnest du?

7 + 9

___ + ___ = ___
___ + ___ = ___

8 + 4

___ + ___ = ___
___ + ___ = ___

4 + 9

___ + ___ = ___
___ + ___ = ___

8 + 5

___ + ___ = ___
___ + ___ = ___

2 + 9

___ + ___ = ___
___ + ___ = ___

7 + 6

___ + ___ = ___
___ + ___ = ___

9 + 7

___ + ___ = ___
___ + ___ = ___

7 + 4

___ + ___ = ___
___ + ___ = ___

9 + 6

___ + ___ = ___
___ + ___ = ___

3 + 8

___ + ___ = ___
___ + ___ = ___

8 + 8

___ + ___ = ___
___ + ___ = ___

2

7 + 7 = ___
7 + 6 = ___
7 + 5 = ___
___ + ___ = ___
___ + ___ = ___
___ + ___ = ___
___ + ___ = ___

9 + 3 = ___
8 + 4 = ___
7 + 5 = ___
___ + ___ = ___
___ + ___ = ___
___ + ___ = ___
___ + ___ = ___

8 + 5 = ___
9 + 5 = ___
8 + 6 = ___
9 + 6 = ___
___ + ___ = ___
___ + ___ = ___
___ + ___ = ___

6 + 6 = ___
6 + 7 = ___
7 + 6 = ___
7 + 7 = ___
___ + ___ = ___
___ + ___ = ___
___ + ___ = ___

1 Aufgaben im Zwanzigerfeld legen, zeichnen und lösen. **2** Aufgabenrollen lösen. Bildungsregel der Aufgabenreihen erkennen und fortführen.

SB 86 KV 62

1 Finde alle passenden Aufgaben.

4	5	11
6	7	13
8	9	15

☐ + ☐ = ☐

4 + 7 = 11
4 + 9 = ☐
6 + ☐ = ☐
6 + ☐ = ☐
6 + ☐ = ☐
8 + ☐ = ☐
8 + ☐ = ☐

4 + 5 = 9 passt nicht zur Pinnwand.
4 + 7 = 11 passt.

2

5	6	12
6	7	13
7	8	14

☐ + ☐ = ☐

5 + ☐ = ☐
☐ + ☐ = ☐
☐ + ☐ = ☐
☐ + ☐ = ☐
☐ + ☐ = ☐
☐ + ☐ = ☐
☐ + ☐ = ☐

3

6	4	10
8	6	13
9	7	15
12	9	19

☐ + ☐ = ☐

6 + ☐ = ☐
☐ + ☐ = ☐
☐ + ☐ = ☐
☐ + ☐ = ☐
☐ + ☐ = ☐
☐ + ☐ = ☐
☐ + ☐ = ☐

1–3 Alle möglichen Aufgaben zu den Pinnwänden finden und notieren.

SB 87 **KV** 65–67

1 Ergänze die 1 + 1 Tafel.

+	0	1	2	3	4	5	6	7	8	9	10
0									8		
1											
2											
3											
4											
5											
6											
7											
8											
9											
10											

2 Was bedeuten die Farben? Verbinde.

Ergebnis 10

Aufgaben mit 10 oder 0

verdoppeln

restliche Aufgaben

1 Ergebnisse in der 1 + 1 Tafel ergänzen. **2** Farbsystematik der 1 + 1 Tafel erkennen und entsprechend verbinden.

SB 88 **KV** 68 – 69

1 Finde alle Nachbaraufgaben. Welche Aufgabe hilft dir? Kreise ein.

	4 + 4	
5 + 3	**5+4**	5 + 5
	6 + 4	

5 + 4 = ____

	__ + __	
__ + __	**3+4**	__ + __
	__ + __	

____

	__ + __	
__ + __	**4+7**	__ + __
	__ + __	

____

	__ + __	
__ + __	**9+3**	__ + __
	__ + __	

____

	__ + __	
__ + __	**6+5**	__ + __
	__ + __	

____

	__ + __	
__ + __	__ + __	__ + __
	__ + __	

____

2 Welche Nachbaraufgabe hilft dir? Schreibe auf und rechne.

7 + 2 = ____
7 + 3 = ____

4 + 5 = ____
____

1 + 8 = ____
____

3 + 8 = ____
____

9 + 6 = ____
____

8 + 7 = ____
____

9 + 4 = ____
____

5 + 6 = ____
____

6 + 7 = ____
____

4 + 3 = ____
____

7 + 9 = ____
____

2 + 9 = ____
____

____ + ____ = ____
____

____ + ____ = ____
____

____ + ____ = ____
____

1 Nachbaraufgaben auf der 1 + 1 Tafel finden und notieren. Aufgaben mithilfe einer Nachbaraufgabe lösen. Genutzte Nachbaraufgabe einkreisen. **2** Geeignete Nachbaraufgaben auswählen und notieren.

1 Rechne geschickt.

8 + 7 + 2 = ____
8 + 2

9 + 4 + 1 = ____

6 + 7 + 3 = ____

5 + 8 + 5 = ____

7 + 6 + 7 = ____

3 + 6 + 6 = ____

9 + 2 + 9 = ____

8 + 0 + 8 = ____

9 + 5 + 5 = ____

6 + 4 + 6 = ____

9 + 9 + 1 = ____

2 + 8 + 8 = ____

2

4 + 2 + 6 = ____
7 + 1 + 3 = ____
4 + 5 + 5 = ____
9 + 8 + 2 = ____
1 + 6 + 9 = ____

11 12 14 15 16 19

3 + 8 + 8 = ____
6 + 7 + 4 = ____
4 + 3 + 7 = ____
1 + 2 + 9 = ____
5 + 5 + 3 = ____

12 13 14 17 18 19

1 + 4 + 9 + 3 = ____
3 + 2 + 6 + 4 = ____
5 + 8 + 0 + 5 = ____
6 + 6 + 4 + 1 = ____
2 + 7 + 3 + 8 = ____

15 16 17 17 18 20

3

3+8+7

5+9+5

7+6+6

1+9+5

2+9+8

7+5+7

8+8+2

5+5+5

7+1+7

4+7+7

4+6+5

0+9+9

___ + ___ + ___

___ + ___ + ___

___ + ___ + ___

___ + ___ + ___

5+3+5+2

4+8+5+2

4+1+9+4

7+7+3+3

1, 2 Rechenvorteile beim Lösen von Aufgaben mit mehreren Summanden nutzen. **3** Aufgabenkarten mit der Farbe der Lösung anmalen. Für das Ergebnis 20 passende Aufgaben finden.

SB 90

1 Immer 10.

11 – ___ = 10	15 – 5 = ___	12 – ___ = 10	14 – 4 = ___
17 – ___ = 10	12 – 2 = ___	16 – 6 = ___	15 – ___ = 10
14 – ___ = 10	18 – 8 = ___	13 – ___ = 10	17 – 7 = ___
16 – ___ = 10	13 – 3 = ___	11 – 1 = ___	10 – ___ = 10
19 – ___ = 10	10 – 0 = ___	18 – ___ = 10	19 – 9 = ___

2 Zuerst zur 10, dann weiter.

13 – 3 – 7 = ___	12 – 2 – 6 = ___	18 – 8 – 7 = ___
17 – 7 – 3 = ___	15 – 5 – 1 = ___	13 – 3 – 4 = ___
11 – 1 – 5 = ___	19 – 9 – 5 = ___	15 – 5 – 3 = ___
18 – 8 – 4 = ___	16 – 6 – 2 = ___	18 – 8 – 9 = ___
16 – 6 – 8 = ___	14 – 4 – 8 = ___	19 – 9 – 8 = ___
2 3 4 5 6 7	2 4 5 6 8 9	1 2 3 6 7 9

3

4
4 + ___
3 + ___
___ + ___
___ + ___
___ + ___

5
5 + ___
___ + 1
3 + ___
___ + 3
1 + ___
___ + 5

9
9 + ___
8 + ___
___ + 2
___ + 3
5 + ___
4 + ___
___ + 6
___ + 7
1 + ___
0 + ___

7
___ + 0
___ + 1
5 + ___
4 + ___
___ + 4
___ + 5
1 + ___
0 + ___

2
2 + ___
___ + ___
___ + ___

3
___ + 0
___ + 1
___ + ___
___ + ___

1 Aufgaben lösen, deren Differenz 10 ergibt.

SB 91 KV 40, 51

1 Wie rechnest du?

14 – 5

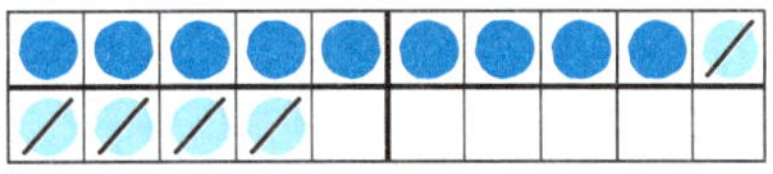

14 – 4 = 10

10 – ___ = ___

11 – 4

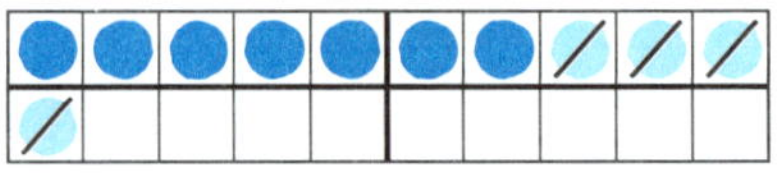

___ – ___ = 10

___ – ___ = ___

12 – 6

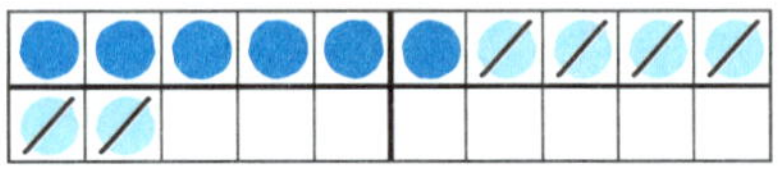

___ – ___ = 10

___ – ___ = ___

15 – 8

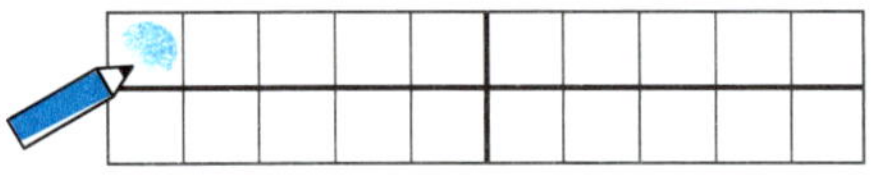

15 – ___ = ___

___ – ___ = ___

12 – 5

___ – ___ = ___

___ – ___ = ___

11 – 3

___ – ___ = ___

___ – ___ = ___

12 – 9

___ – ___ = ___

___ – ___ = ___

11 – 6

___ – ___ = ___

___ – ___ = ___

16 – 7

___ – ___ = ___

___ – ___ = ___

14 – 7

___ – ___ = ___

___ – ___ = ___

15 – 9

___ – ___ = ___

___ – ___ = ___

11 – 8

___ – ___ = ___

___ – ___ = ___

2

13 – 4 = ___
13 – 5 = ___
13 – 6 = ___
___ – ___ = ___
___ – ___ = ___
___ – ___ = ___
___ – ___ = ___

17 – 9 = ___
16 – 8 = ___
15 – 7 = ___
___ – ___ = ___
___ – ___ = ___
___ – ___ = ___
___ – ___ = ___

13 – 8 = ___
13 – 9 = ___
14 – 8 = ___
14 – 9 = ___
___ – ___ = ___
___ – ___ = ___
___ – ___ = ___

16 – 9 = ___
15 – 9 = ___
16 – 8 = ___
15 – 8 = ___
___ – ___ = ___
___ – ___ = ___
___ – ___ = ___

1 Aufgaben im Zwanzigerfeld legen, zeichnen und lösen. **2** Aufgabenrollen lösen, Bildungsregel der Aufgabenreihen erkennen und fortführen.

SB 92 KV 62 175 – 176

1 Wie rechnest du?

13 − 7	11 − 9	12 − 8
___ − ___ = ___	___ − ___ = ___	___ − ___ = ___
___ − ___ = ___	___ − ___ = ___	___ − ___ = ___

17 − 8	14 − 6	11 − 7
___ − ___ = ___	___ − ___ = ___	___ − ___ = ___
___ − ___ = ___	___ − ___ = ___	___ − ___ = ___

14 − 5	16 − 8	12 − 5
___ − ___ = ___	___ − ___ = ___	___ − ___ = ___
___ − ___ = ___	___ − ___ = ___	___ − ___ = ___

18 − 9	14 − 7	11 − 8
___ − ___ = ___	___ − ___ = ___	___ − ___ = ___
___ − ___ = ___	___ − ___ = ___	___ − ___ = ___

2

10 − 9 = ___	19 − 2 = ___	13 − 6 = ___	16 − 8 = ___
11 − 8 = ___	18 − 3 = ___	14 − 6 = ___	16 − 9 = ___
12 − 7 = ___	17 − 4 = ___	13 − 7 = ___	15 − 8 = ___
___ − ___ = ___	___ − ___ = ___	14 − 7 = ___	15 − 9 = ___
___ − ___ = ___	___ − ___ = ___	___ − ___ = ___	___ − ___ = ___
___ − ___ = ___	___ − ___ = ___	___ − ___ = ___	___ − ___ = ___
___ − ___ = ___	___ − ___ = ___	___ − ___ = ___	___ − ___ = ___

1 Aufgaben im Zwanzigerfeld legen, zeichnen und lösen. **2** Aufgabenrollen lösen, Bildungsregel der Aufgabenreihen erkennen und fortführen.

SB 93 **KV** 62

1 Kontrolliere mit der Umkehraufgabe.

11 − 4 = 7	13 − 4 = ___	12 − 3 = ___	16 − 7 = ___
7 + 4 =	___	___	___
14 − 8 = ___	18 − 9 = ___	15 − 7 = ___	17 − 8 = ___
___	___	___	___
16 − 9 = ___	14 − 6 = ___	10 − 1 = ___	13 − 9 = ___
___	___	___	___

2

11 − 6 = ___	14 − 9 = ___	13 − 5 = ___	18 − 10 = ___
17 − 9 = ___	12 − 7 = ___	10 − 4 = ___	11 − 7 = ___
13 − 8 = ___	15 − 6 = ___	11 − 9 = ___	12 − 4 = ___
10 − 3 = ___	16 − 8 = ___	15 − 8 = ___	14 − 9 = ___
5 5 6 7 8	5 5 8 8 9	2 5 6 7 8	3 4 5 8 8
12 − 9 = ___	11 − 3 = ___	14 − 6 = ___	16 − 9 = ___
14 − 7 = ___	12 − 6 = ___	13 − 7 = ___	19 − 10 = ___
11 − 5 = ___	10 − 8 = ___	18 − 9 = ___	12 − 5 = ___
13 − 6 = ___	15 − 9 = ___	11 − 2 = ___	15 − 7 = ___
3 6 7 7 8	2 6 6 7 8	6 7 8 9 9	7 7 8 9 9

3

1 Umkehraufgaben als Kontrollmöglichkeit anwenden. **2** Aufgabenfelder in den Farben der Ergebnisse ausmalen.

1 Rechne geschickt.

11 – 8 – 1 = ____
11 – 1 ________

13 – 5 – 3 = ____
____

15 – 7 – 5 = ____
____

12 – 4 – 6 = ____
____

16 – 4 – 8 = ____
____

18 – 6 – 9 = ____
____

17 – 7 – 2 = ____
____

19 – 3 – 9 = ____
____

14 – 7 – 7 = ____
____

19 – 5 – 5 = ____
____

16 – 6 – 8 = ____
____

11 – 3 – 1 = ____
____

2

13 – 3 – 7 = ____
15 – 2 – 5 = ____
18 – 4 – 9 = ____
12 – 6 – 0 = ____
14 – 1 – 7 = ____

3 4 5 6 6 8

11 – 5 – 1 = ____
16 – 7 – 8 = ____
19 – 9 – 2 = ____
17 – 4 – 7 = ____
20 – 6 – 5 = ____

1 2 5 6 8 9

12 – 3 – 6 – 2 = ____
13 – 2 – 4 – 3 = ____
18 – 7 – 8 – 1 = ____
15 – 5 – 0 – 4 = ____
19 – 2 – 3 – 9 = ____

1 2 3 4 5 6

3

11 – 6 – 1

15 – 9 – 5

12 – 2 – 6

16 – 8 – 3

15 – 5 – 5

13 – 9 – 3

17 – 6 – 7

18 – 9 – 4

14 – 2 – 7

19 – 9 – 9

12 – 6 – 5

13 – 6 – 3

____ – ____ – ____

____ – ____ – ____

____ – ____ – ____

11 – 2 – 1 – 4

14 – 3 – 3 – 7

17 – 7 – 0 – 5

18 – 4 – 9 – 5

1

6 + 6 = 12
9 + 5 = ___
7 + 4 = ___
8 + 7 = ___

11 ~~12~~ 13 14 15

5 + 6 = ___
7 + 7 = ___
3 + 8 = ___
4 + 9 = ___

11 11 13 13 14

9 + 9 = ___
4 + 6 = ___
7 + 5 = ___
3 + 9 = ___

10 12 12 17 18

4 + 7 = ___
8 + 8 = ___
10 + 9 = ___
7 + 6 = ___

11 12 13 16 19

12 − 3 = ___
14 − 6 = ___
11 − 8 = ___
13 − 9 = ___

3 4 5 8 9

18 − 9 = ___
16 − 7 = ___
10 − 5 = ___
15 − 8 = ___

5 7 8 9 9

13 − 4 = ___
17 − 9 = ___
12 − 6 = ___
11 − 2 = ___

6 8 8 9 9

16 − 8 = ___
15 − 7 = ___
14 − 9 = ___
13 − 6 = ___

4 5 7 8 8

2

11	___	___	___	___	___
9 | 2	5 | 8	10 | 6	7 | 9	5 | 7	8 | 6

11	13	17	14	18	15
3 | ___	5 | ___	8 | ___	7 | ___	10 | ___	6 | ___

12	14	16	10	15	13
___ | 4	___ | 8	___ | 9	___ | 2	___ | 5	___ | 8

___	___	___	27	24	21
13 | 11	13 | 12	13 | 13	___ | 24	___ | 22	___ | 19

3

+	3	5	8
9	12		
7			

+	9	2	4
6			
8			

+	7		
5		11	
9			18

−	5	9	7
11			
14			

−	4	7	6
13			
16			

−	8		
15		10	
12			3

SB 96 KV 53–54, 67

1 5 Fragen kannst du beantworten. Verbinde mit dem Bild und antworte.

Wie viele Fußballer kann man sehen?

Man kann ______________________

____

Wie viele Punkte hat Trax schon?

____

____

Wie viel Geld muss Eva bezahlen?

____

____

Wie viele Ringe hat Trax geworfen?

____

____

Wie alt sind Peter und Eva zusammen?

____

____

Wer hat gerade den Ball?

____

____

Wer gewinnt das Fußballspiel?

____

____

1 Löse die Gleichungen.

4 + 4 = 8	8 + ___ = 15	10 − ___ = 8	11 − ___ = 7
11 + ___ = 13	7 + ___ = 10	15 − ___ = 12	14 − ___ = 7
5 + ___ = 10	9 + ___ = 12	3 − ___ = 0	17 − ___ = 8
12 + ___ = 17	6 + ___ = 11	16 − ___ = 11	13 − ___ = 4
0 + ___ = 4	4 + ___ = 11	14 − ___ = 12	12 − ___ = 8
2 2 4 4 5 5	3 3 5 5 7 7	2 2 3 3 5 5	4 4 7 7 9 9

2 Welche Umkehraufgabe hilft dir?
Verbinde und löse.

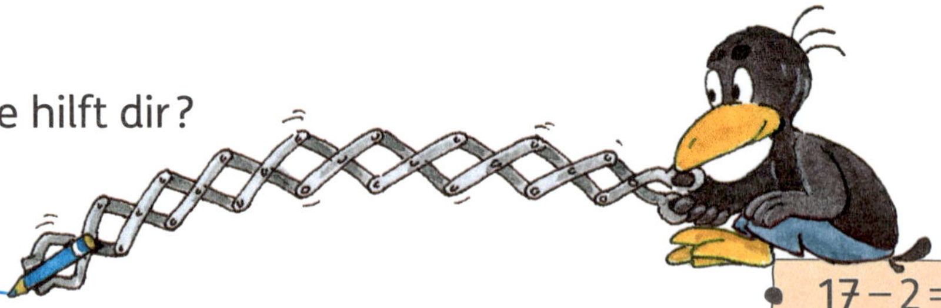

___ + 5 = 13	17 − 2 = ___
___ − 2 = 17	13 + 5 = ___
___ + 2 = 17	13 − 5 = ___
___ − 5 = 13	17 + 2 = ___
___ + 3 = 11	11 − 3 = ___
___ − 6 = 12	12 − 6 = ___
___ + 6 = 12	12 + 6 = ___
___ − 3 = 11	11 + 3 = ___

3

4 + 5 = 9	___ + 5 = 12	___ − 2 = 7	___ − 5 = 9
___ + 4 = 16	___ + 6 = 15	___ − 5 = 10	___ − 8 = 6
___ + 3 = 7	___ + 7 = 14	___ − 3 = 15	___ − 8 = 0
___ + 2 = 8	___ + 6 = 11	___ − 9 = 0	___ − 7 = 4
___ + 7 = 19	___ + 9 = 18	___ − 7 = 11	___ − 9 = 2
4 4 6 6 12 12	5 5 7 7 9 9	9 9 15 15 18 18	8 8 11 11 14 14

2 Gleichungen mit den passenden Umkehraufgaben verbinden. Zuerst die Umkehraufgabe lösen.

1 Setze <, > oder = ein.

9 + 6 > 14	3 + 8 ○ 12	14 ○ 12 + 1	5 + 4 ○ 6 + 7
9 + 5 ○ 14	7 + 6 ○ 15	14 ○ 11 + 3	6 + 4 ○ 5 + 5
9 + 4 ○ 14	8 + 9 ○ 16	14 ○ 10 + 5	7 + 4 ○ 9 + 1
9 + 3 ○ 14	4 + 8 ○ 12	14 ○ 9 + 7	8 + 4 ○ 7 + 6
9 + 2 ○ 14	5 + 7 ○ 13	14 ○ 8 + 9	9 + 4 ○ 8 + 3

2 Setze <, > oder = ein.

17 − 0 ○ 14	13 − 5 ○ 7	11 ○ 19 − 3	13 − 2 ○ 15 − 3
17 − 2 ○ 13	16 − 9 ○ 8	11 ○ 18 − 4	13 − 3 ○ 11 − 0
17 − 4 ○ 12	18 − 9 ○ 8	11 ○ 17 − 5	13 − 4 ○ 15 − 6
17 − 6 ○ 11	14 − 6 ○ 9	11 ○ 16 − 6	13 − 5 ○ 12 − 9
17 − 8 ○ 10	12 − 7 ○ 6	11 ○ 15 − 7	13 − 6 ○ 10 − 2

3

6 + 4 | 9 + 7 | 15 − 4 | 6 + 6 | 17 − 0

14 − 2 | 7 + 4 | 13 − 4 | 10 + 2

7 + 5 | 19 − 8

16 − 3 | 9 + 4

12 − 0 | 5 + 9 | 14 − 6 | 3 + 7 | 20 − 8

___ + ___ | ___ + ___ | ___ − ___ | ___ − ___

3 + 3 + 5 | 5 + 4 + 3 | 2 + 7 + 4 | 3 + 2 + 7

3 Aufgabenkarten mit Ergebnis kleiner als 12 werden blau, mit Ergebnis gleich 12 grün und mit Ergebnis größer als 12 gelb gefärbt. Für die gelben Karten Aufgaben mit einem Ergebnis größer als 12 finden.

SB 99 KV 70

1

8 ct

15 ct

11 €

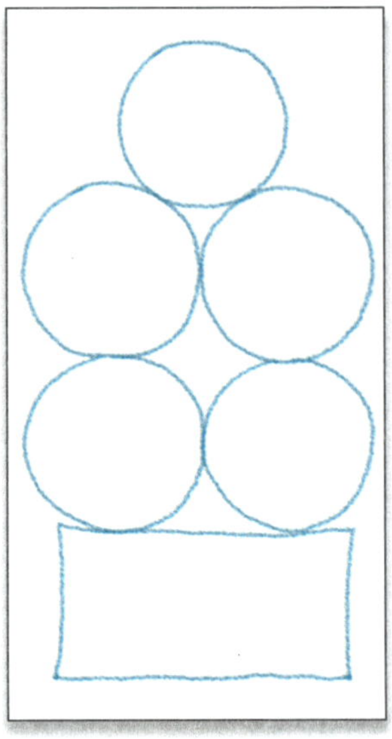

20 €

2

14

Z | E

___ + ___

vierzehn

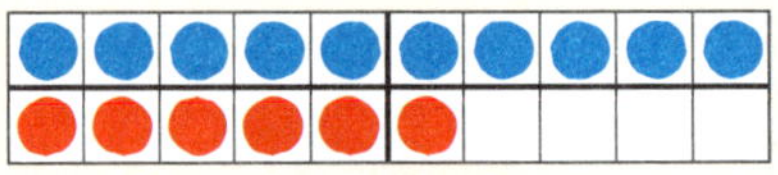

Z | E

___ + ___

Z | E

10 + 9

3

+	2	4	5
11			
13			
15			

+	5	7	8
0			
6			
9			

+	4		
5		11	
9			17
12			

−	0	3	5
15			
17			
18			

−	6	8	9
12			
15			
16			

−	5		
11		4	
14			5
19			

1–3 Wiederholung des aktuellen Stoffes und Sicherung des Basiswissens.

SB 100–101 **KV** 60, 63, 124–126

1 Lege unterschiedlich aus.
Zähle.

□	2
△	0
▵	0
gesamt	2

□	
△	
▵	
gesamt	

□	
△	
▵	
gesamt	

□	
△	
▵	
gesamt	

2

□	
△	
▵	
gesamt	

□	
△	
▵	
gesamt	

□	
△	
▵	
gesamt	

□	
△	
▵	
gesamt	

3

□	
△	
▵	
gesamt	

□	
△	
▵	
gesamt	

□	
△	
▵	
gesamt	

□	
△	
▵	
gesamt	

1–3 Figuren unterschiedlich mit Geoplättchen auslegen und die jeweils verwendeten Formen notieren. Dabei auch geschickt Tauschregeln nutzen, um weitere Möglichkeiten zu finden.

1 Spanne und zeichne die Figuren.

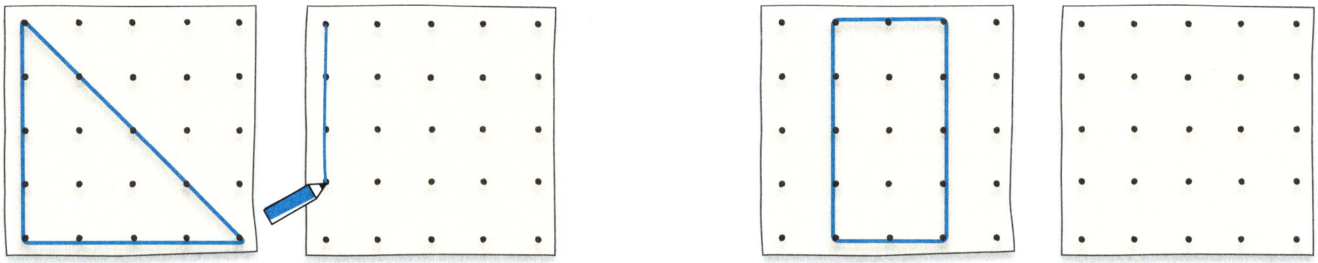

2 Aus welchen Formen sind die Figuren gespannt?

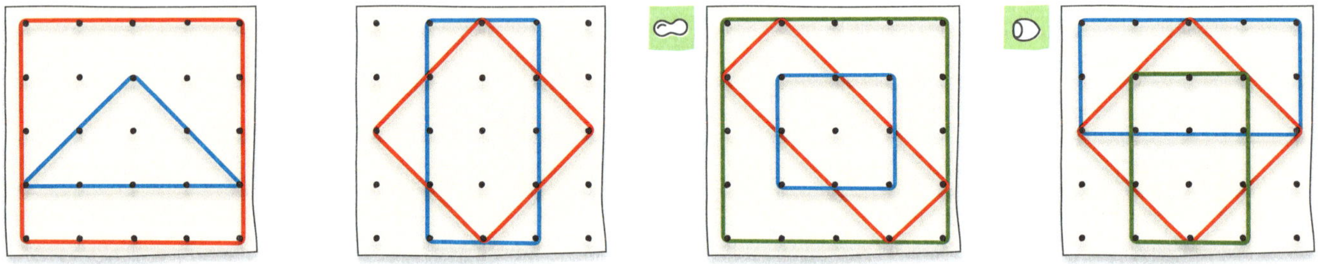

□	1
▭	
△	

□	
▭	
△	

□	
▭	
△	

□	
▭	
△	

3 Spanne Formen und zeichne.

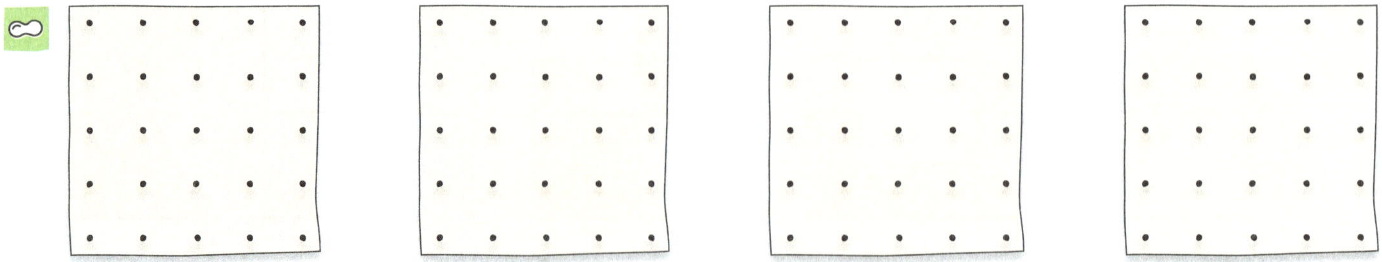

□	1
▭	0
△	2

□	2
▭	1
△	0

□	2
▭	0
△	1

□	1
▭	2
△	0

1 Vorgegebene Figuren auf dem Geobrett spannen und anschließend zeichnen. **2** Figuren auf dem Geobrett spannen, Anzahl der verwendeten Formen in der Tabelle notieren. **3** Figuren nach Vorgabe spannen und zeichnen.

1 Zeichne Muster.

2

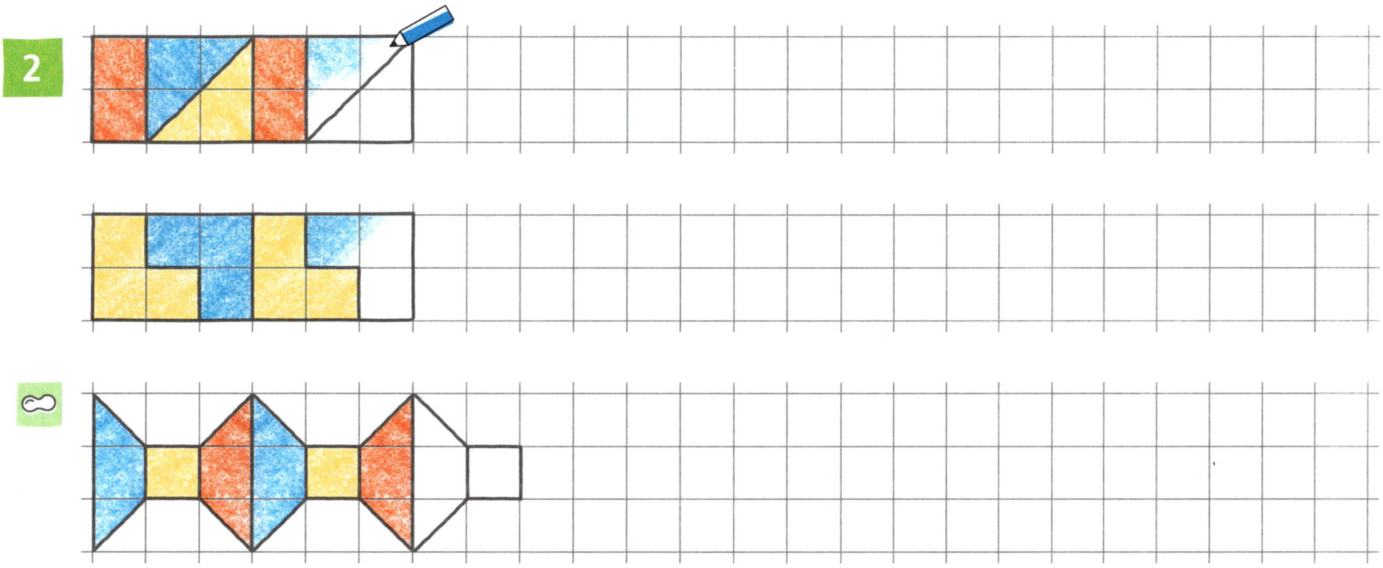

3 Zeichne die Figuren.

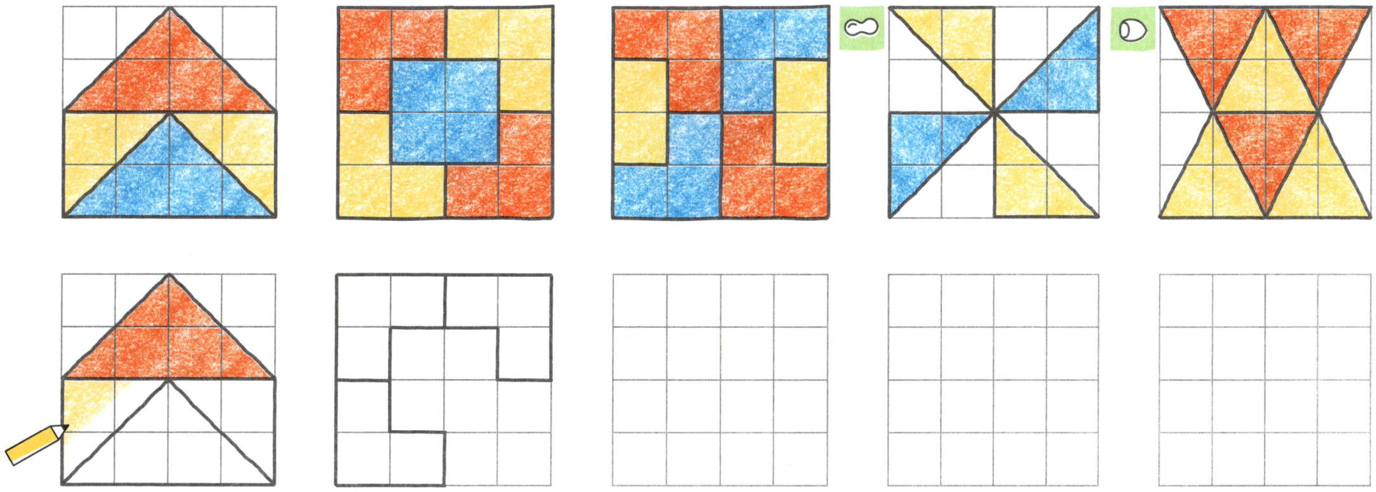

1 Angefangene Muster nachspuren und fortsetzen. **2** Bandornamente im Kästchenraster fortsetzen. **3** Abgebildete Muster im unteren Raster zeichnen und nach Vorgabe anmalen.

1 Zeichne jede Figur noch einmal.

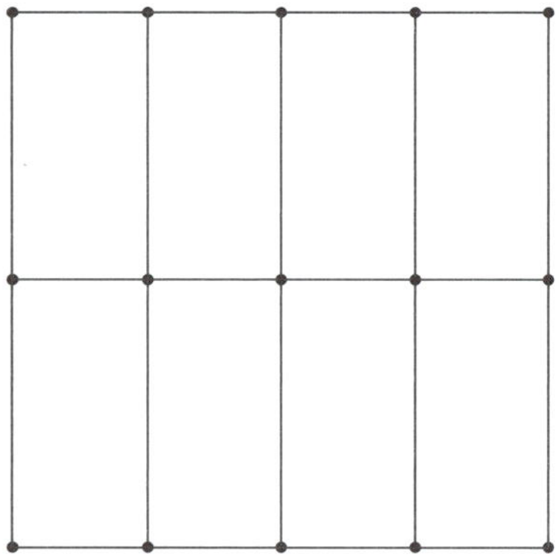

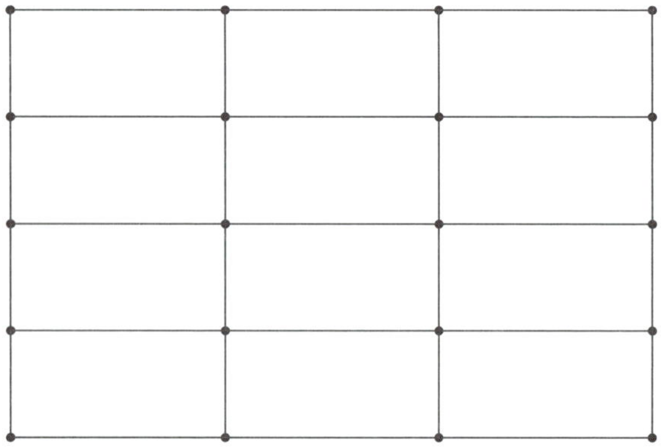

2

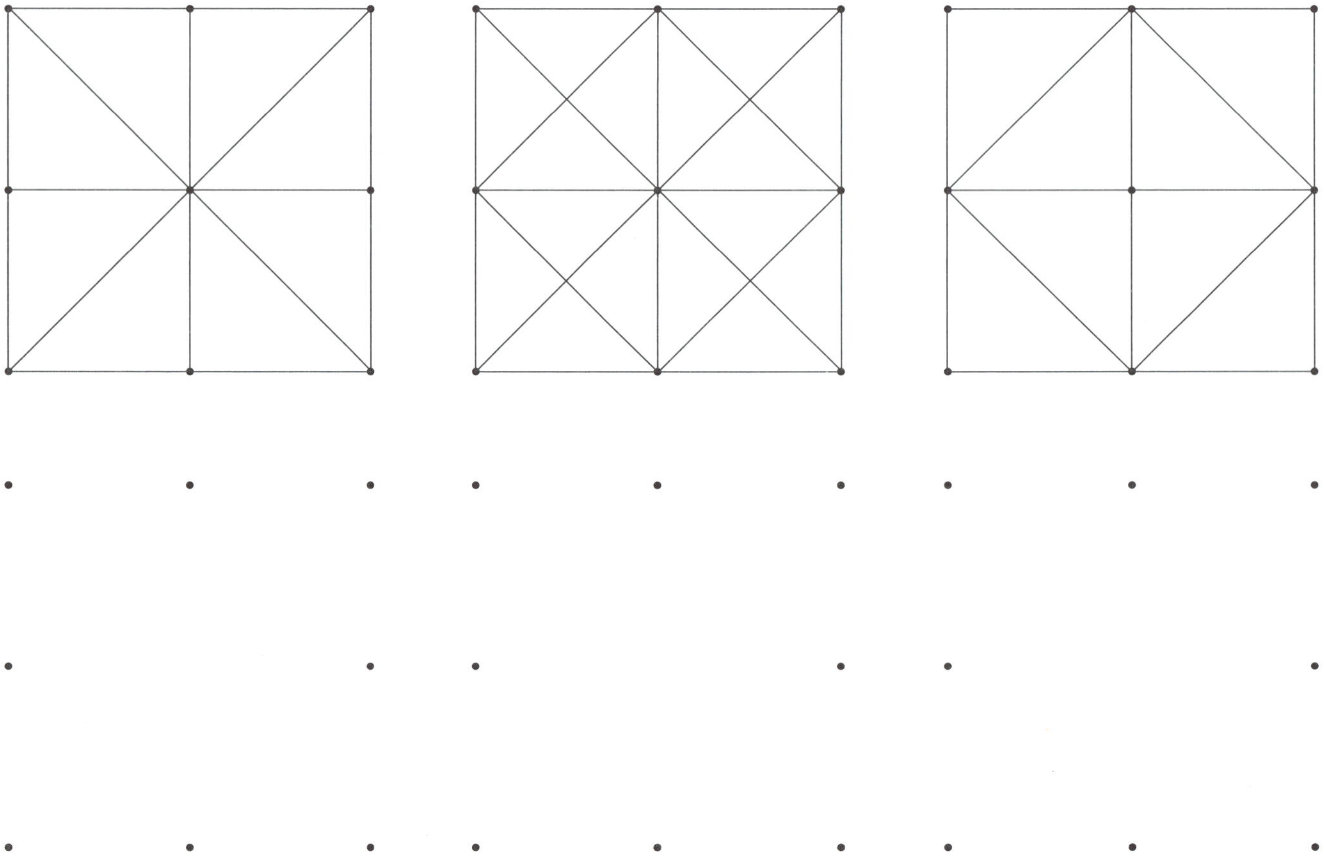

SB 107

1 Wie lang sind die Tiere?

	Länge
A	cm
B	
C	
D	
E	
F	

2 Wie lang sind die Strecken?

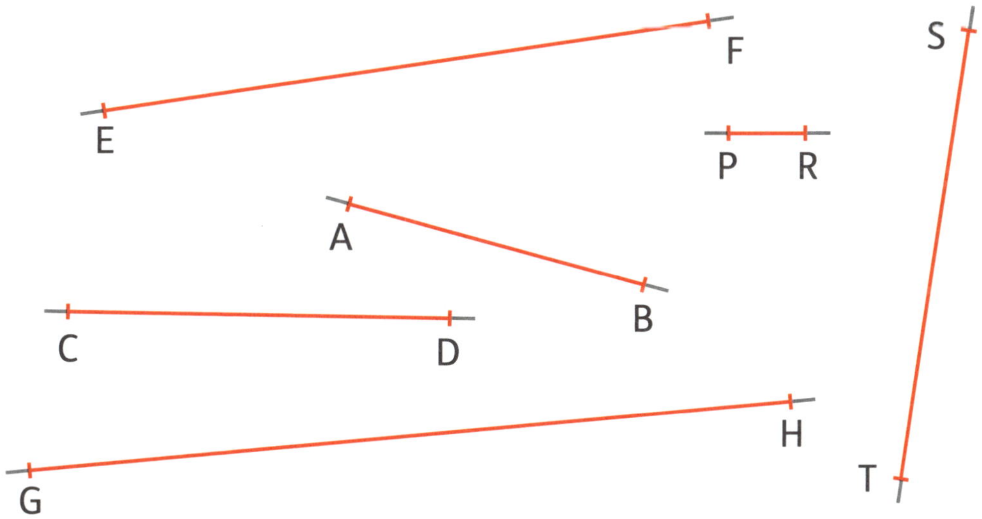

Strecke	Länge
$\overline{EF}$	cm
$\overline{AB}$	

3 Ergänze zu Strecken.

$\overline{AB}$ = 5 cm $\overline{FG}$ = 7 cm $\overline{RS}$ = 2 cm $\overline{KL}$ = 11 cm

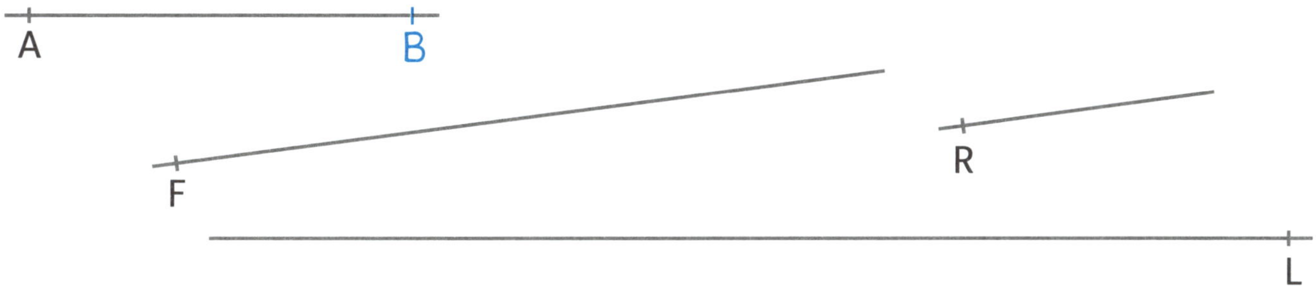

Mit Formen jonglieren

1 Finde Quadrate. Immer zwei Teile gehören zusammen.

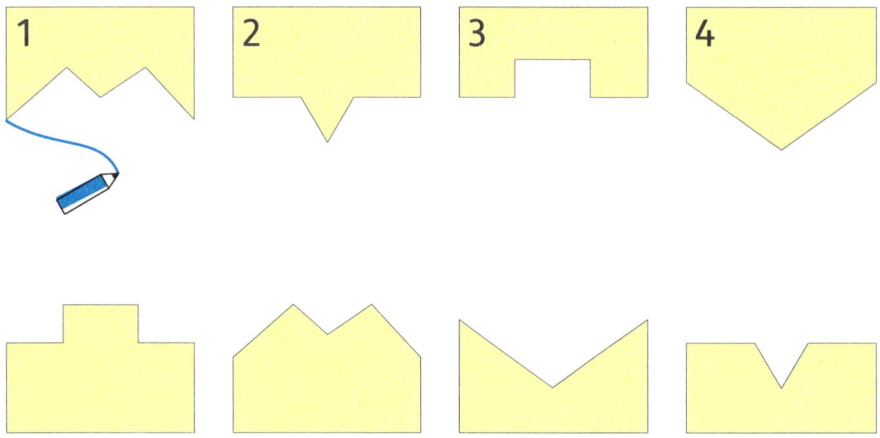

2 Finde Rechtecke. Immer zwei Teile gehören zusammen.

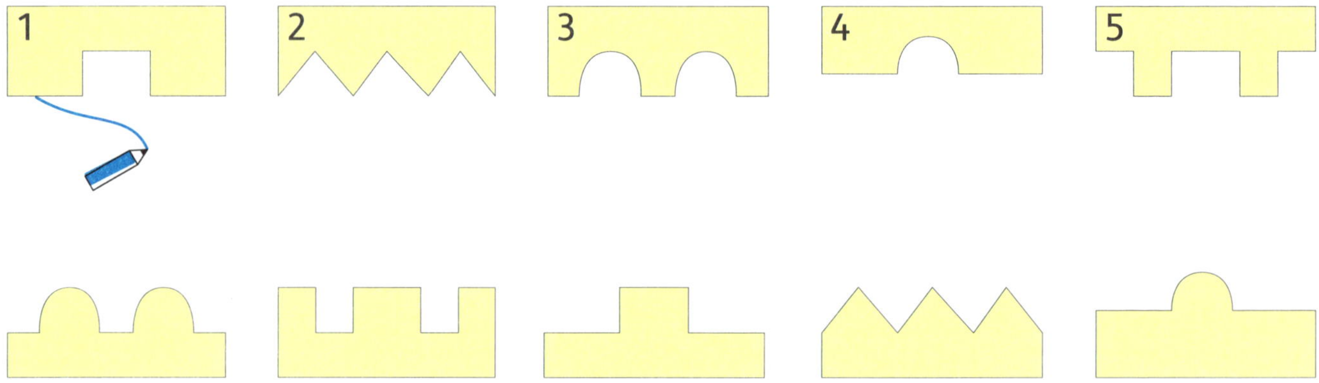

3 Finde Kreise. Immer zwei Teile gehören zusammen.

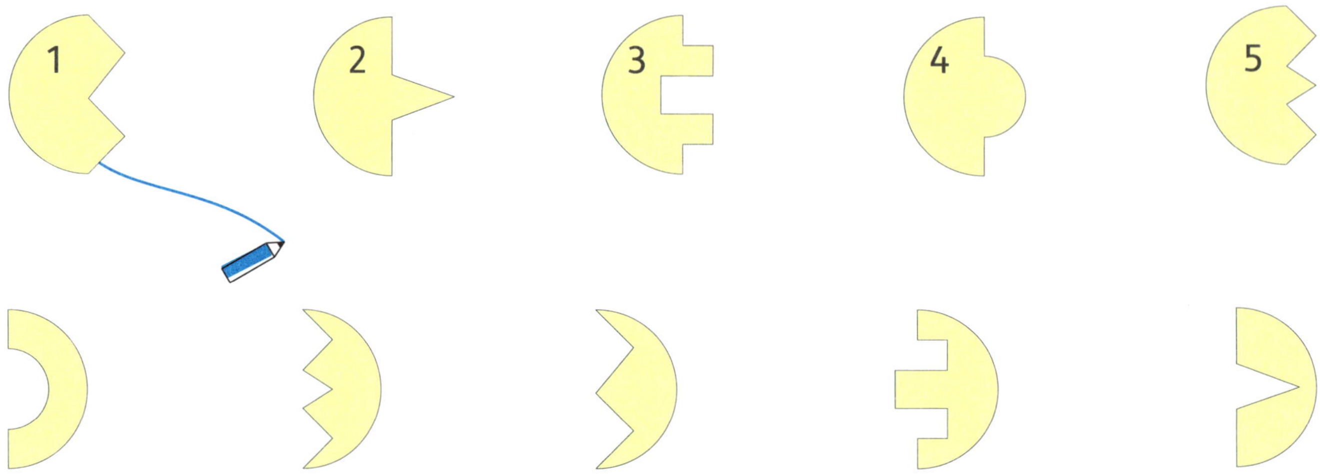

1 – 3 Die Formen (Quadrat, Rechteck, Kreis) wurden in jeweils zwei Teile zerschnitten. Durch mentales Operieren die Figuren zur Ausgangsform zusammensetzen und entsprechend Verbindungslinie zeichnen.

1

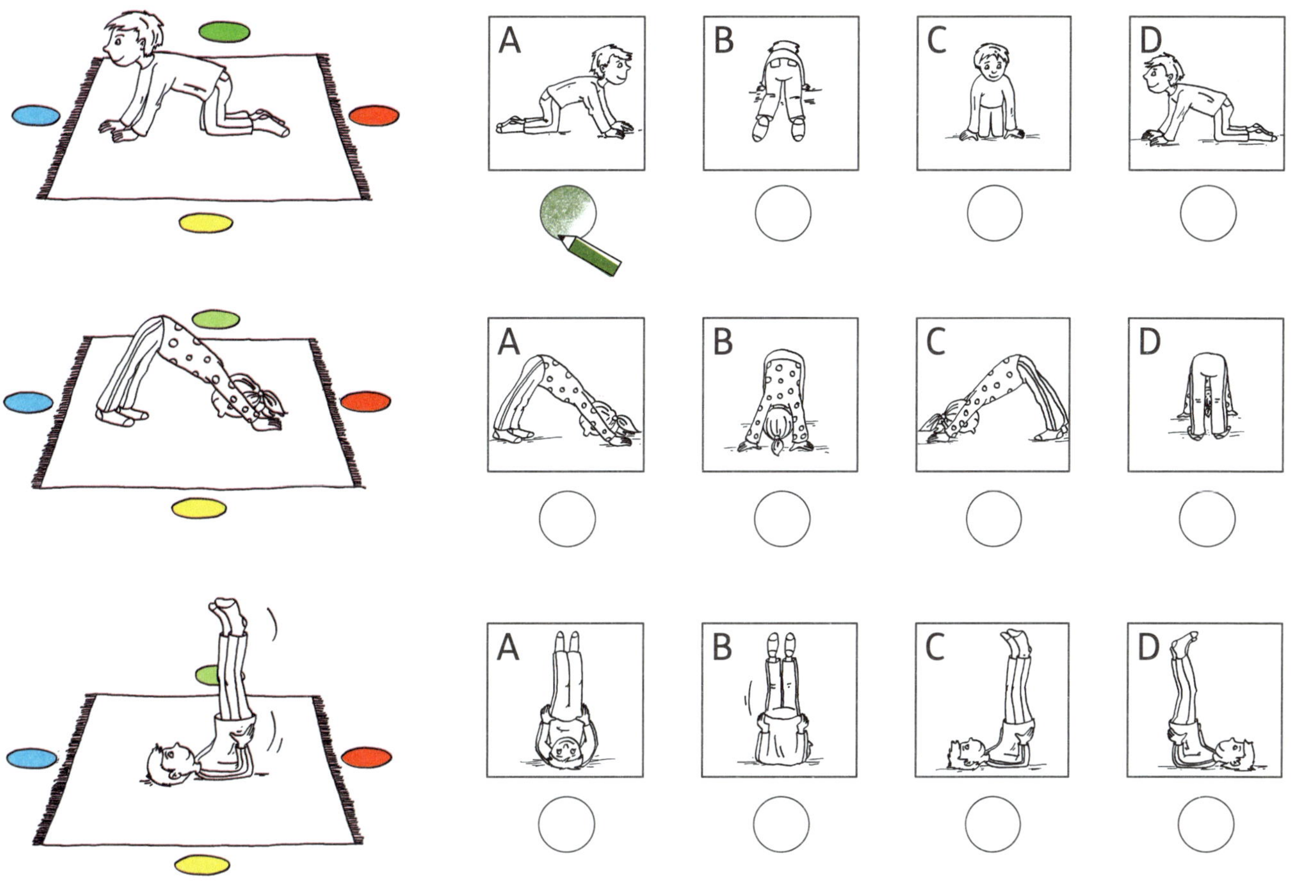

2

3

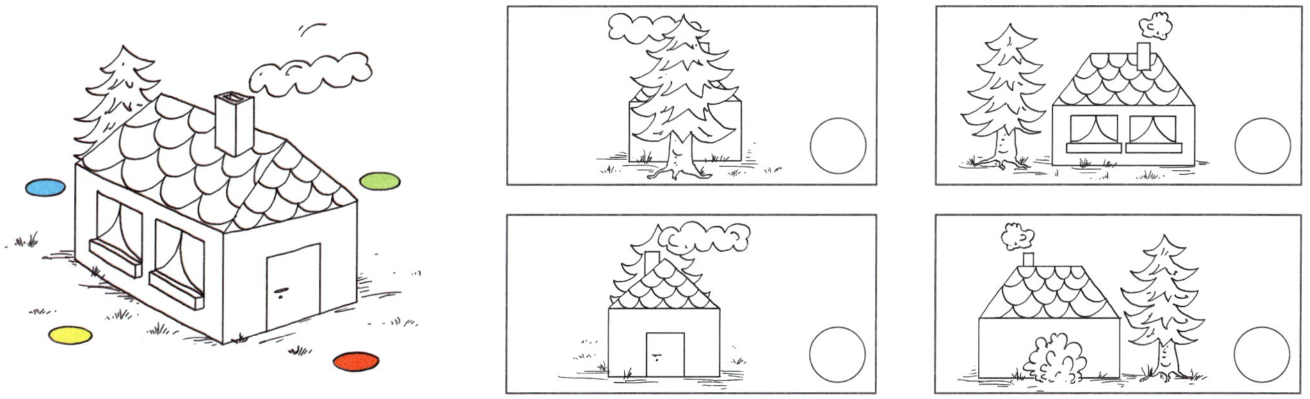

1 – 3 Gegenstände/Personen aus unterschiedlicher Perspektive betrachten (Perspektivwechsel), abgebildete Ansichten beschreiben und den angegebenen Standorten durch Färben der Kreise zuordnen.

1

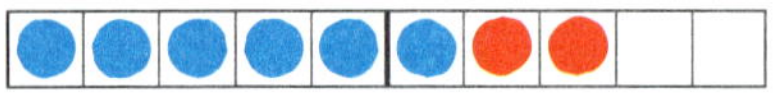

6 + 2 = 8
2 + 6 = ___
8 − 2 = ___
8 − ___ = ___

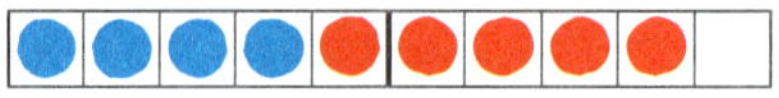

4 + 5 = ___
___ + ___ = ___
9 − 5 = ___
___ − ___ = ___

1 + 8 = ___
___ + ___ = ___
9 − ___ = ___
___ − ___ = ___

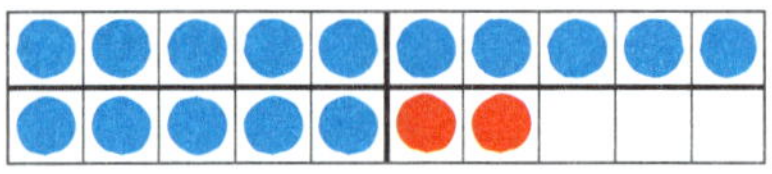

15 + 2 = ___
2 + ___ = ___
17 − 2 = ___
17 − ___ = ___

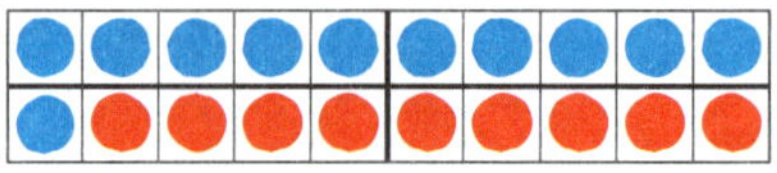

11 + 9 = ___
___ + ___ = ___
20 − 9 = ___
___ − ___ = ___

13 + 4 = ___
___ + ___ = ___
17 − ___ = ___
___ − ___ = ___

2

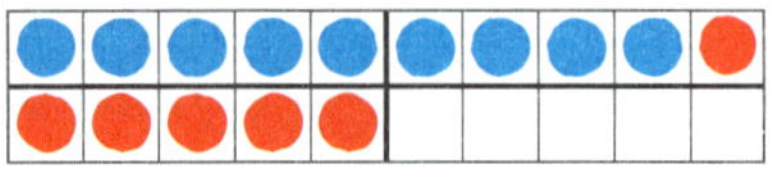

___ + ___ = ___
___ + ___ = ___
___ − ___ = ___
___ − ___ = ___

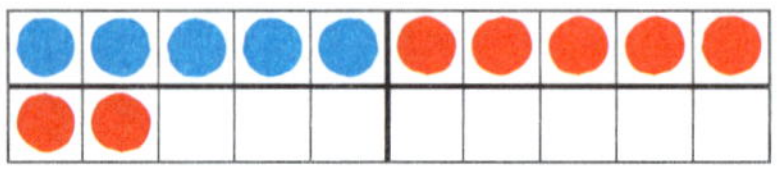

___ + ___ = ___
___ + ___ = ___
___ − ___ = ___
___ − ___ = ___

___ + ___ = ___
___ + ___ = ___
___ − ___ = ___
___ − ___ = ___

3

1 Löse die Zauberquadrate.

A

5		1
7		3

Immer **12**.

B

6		8
7		3

Immer **15**.

C

5		
	6	
3		7

Immer **18**.

D

	4	
1		5

Immer **12**.

E

	3	
	5	
		6

Immer **15**.

F

		3
2		
		5

Immer **18**.

G

		2
	0	7

Immer **12**.

H

		4
7		3

Immer **15**.

I

5		
9		7

Immer **18**.

2 Löse durch Probieren.

A

2	4	
	8	

Immer **12**.

B

	1	
3		
	9	

Immer **15**.

C

2		10
	8	

Immer **18**.

1 Zauberquadrate mit den Zauberzahlen 12, 15 und 18 ergänzen. **2** Zauberquadrate durch Probieren mithilfe von Zahlenkarten lösen.

Zahlenfolgen

1 Setze die Zahlenfolgen fort.

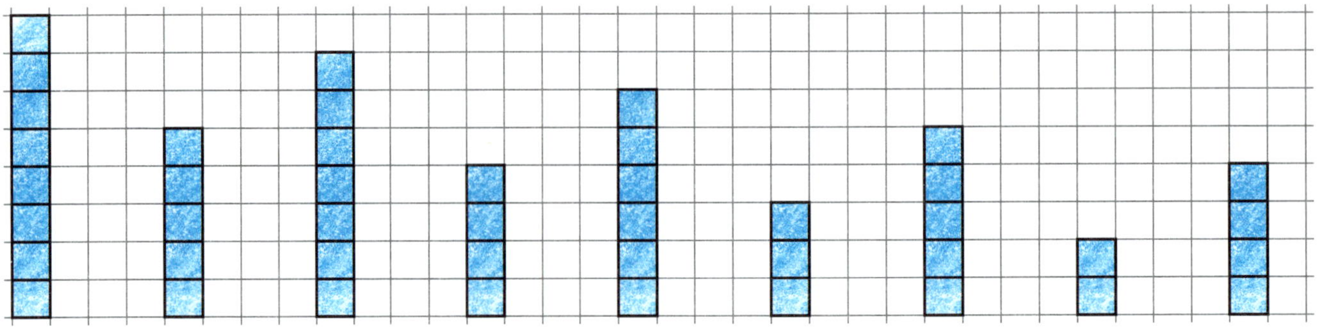

8 −3→ 5 +2→ 7 −3→ ☐ +2→ ☐ → ☐ → ☐ → ☐ → ☐

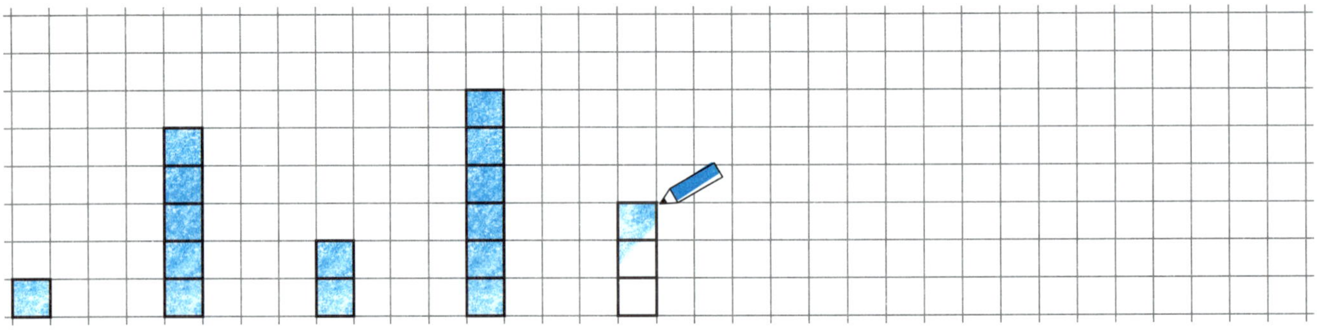

1 +4→ 5 −3→ 2 +4→ ☐ −3→ ☐ → ☐ → ☐ → ☐ → ☐

2

2 +2→ 4 +2→ 6 +2→ ☐ → ☐ → ☐ → ☐ → ☐ → 18

19 → 17 → 15 → ☐ → ☐ → ☐ → ☐ → ☐ → 3

5 → 6 → 8 → 9 → 11 → ☐ → ☐ → ☐ → 17

20 → 17 → 16 → 13 → 12 → ☐ → ☐ → ☐ → 4

3

8 → 0 → 10 → 2 → 12 → ☐ → ☐ → ☐ → 16

7 → 3 → 9 → 5 → 11 → ☐ → ☐ → ☐ → 15

2 → 11 → 4 → 13 → 6 → ☐ → ☐ → ☐ → 10

1 – 3 Rechenregeln erkennen, Operatoren notieren. Zahlenfolge gemäß der jeweiligen Rechenregel fortsetzen. Bei **2, 3** erfolgt Selbstkontrolle durch angegebene Zielzahl.

1 Trax möchte Luftballons nebeneinander aufhängen.
Welche Möglichkeiten gibt es? Färbe.

Trax hat 3 Luftballons.

Trax hat 4 Luftballons.

Trax hat 4 Luftballons.
Die roten hängen nebeneinander.

2 Trax hat Muffins gebacken. Er schmückt sie mit bunten Zuckerherzen.
Wie viele Möglichkeiten gibt es? Färbe.

Jeder Muffin bekommt:

Jeder Muffin bekommt:

Jeder Muffin bekommt:

1, 2 Unter Berücksichtigung der vorgegebenen Bedingungen alle möglichen Anordnungen durch systematisches Probieren finden.

Zufall

1 Trax hat 4 Kisten. Er nimmt jeweils nur einen Ball heraus.

Er möchte (blauer Ball) herausziehen.

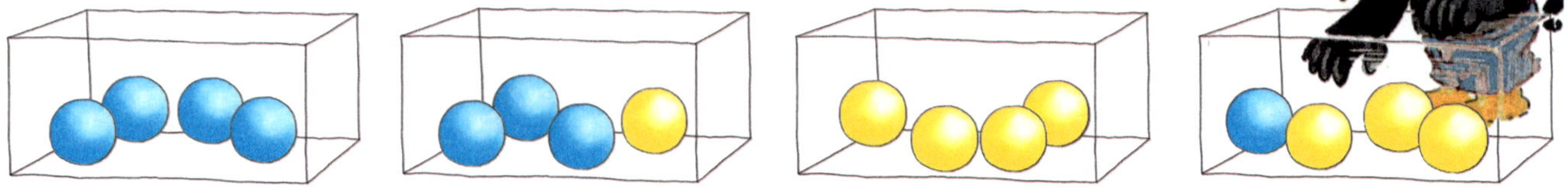

sicher ________ | ________ | ________ | ________

Er möchte (gelber Ball) herausziehen.

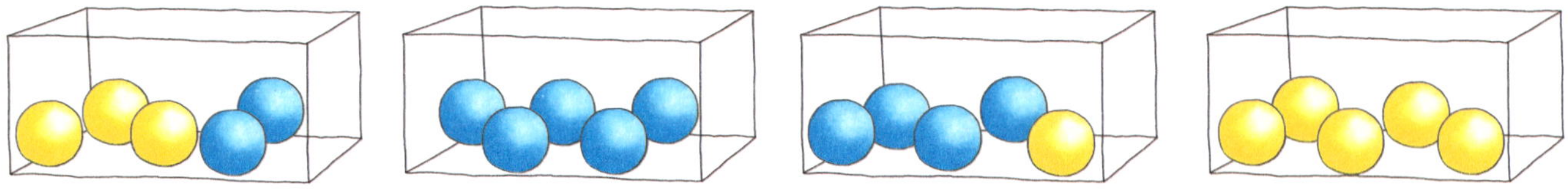

________ | ________ | ________ | ________

2 Färbe die Bälle so, dass die Aussagen richtig sind.

Trax möchte (blauer Ball) herausziehen.

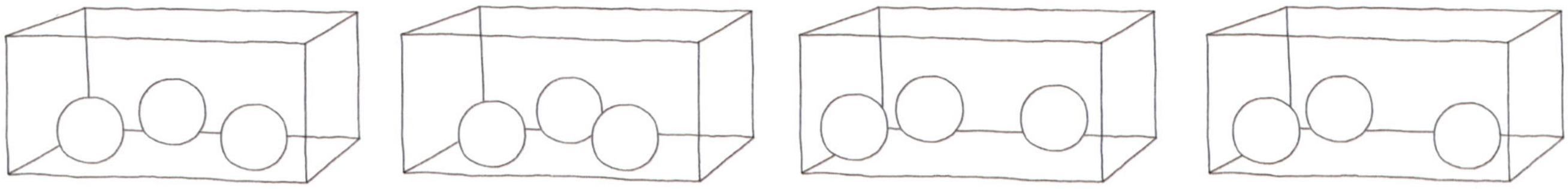

Es ist sicher. | Es ist möglich. | Es ist unmöglich. | Es ist möglich.

Trax möchte (gelber Ball) herausziehen.

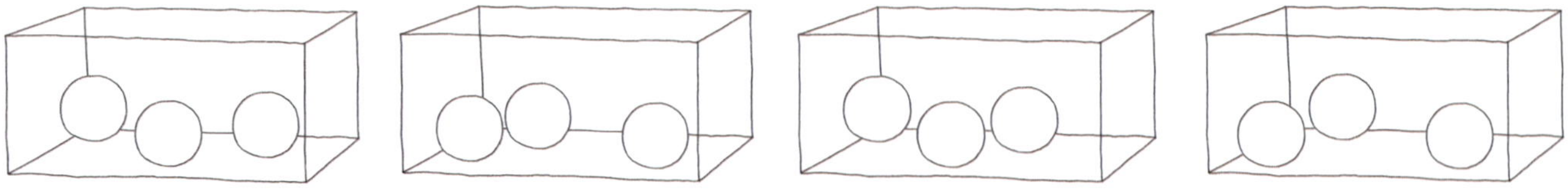

Es ist möglich. | Es ist sicher. | Es ist unmöglich. | Es ist möglich.

In jeder Kiste sind 5 Bälle. Trax möchte (blauer Ball) herausziehen.

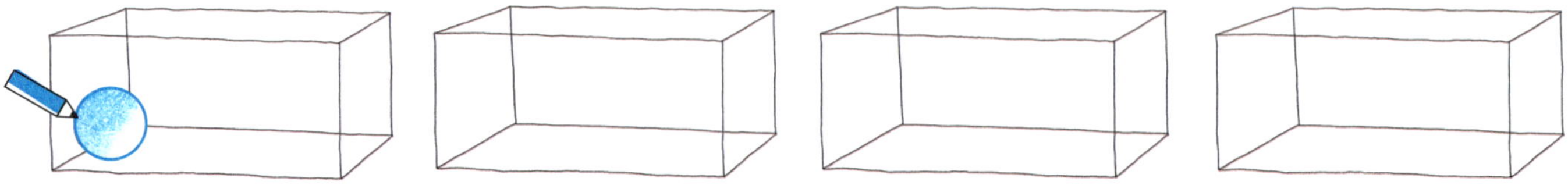

Es ist möglich. | Es ist unmöglich. | Es ist sicher. | Es ist möglich.

1 Sichere, mögliche und unmögliche Ereignisse unterscheiden. Trax darf jeweils nur einen Ball aus der Kiste nehmen. **2** Bälle blau/gelb färben bzw. zeichnen, so dass die Farbverteilung zur jeweiligen Aussage passt.

SB 116 **KV** 99

1 Ergänze die fehlenden Angaben.

2

11 Uhr	Uhr	Uhr	Uhr	Uhr

23 Uhr	Uhr	Uhr	Uhr	Uhr

Uhr	Uhr	Uhr	2 Uhr	Uhr

Uhr	Uhr	Uhr	Uhr	22 Uhr

3

			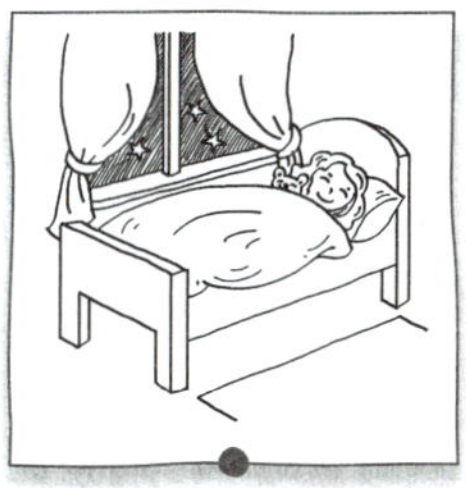	
9 Uhr	16 Uhr	1 Uhr	13 Uhr	20 Uhr

1 Angaben auf den Ziffernblättern ergänzen. **2** Zu den dargestellten Zeigerstellungen beide möglichen Uhrzeiten notieren. **3** Jedes Bild mit einer passenden Uhrzeit verbinden.

SB 118–119 **KV** 100 272–273, 275

1

1

Würfel: 9

2

Würfel: ___

3

Würfel: ___

4

Würfel: ___

5

Würfel: ___

6

Würfel: ___

7

Würfel: ___

8

Würfel: ___

2 Zu welchen Gebäuden aus Aufgabe 1 gehören diese Baupläne?

2	1	3

Gebäude Nr. 2

3	1	1	3

Gebäude Nr. ___

3	1	3	1	3

Gebäude Nr. ___

3	3	3

Gebäude Nr. ___

1	1	1	2
2	1	1	1

Gebäude Nr. ___

1	2	3	4

Gebäude Nr. ___

3	1	1	3
1	1	1	1

Gebäude Nr. ___

			1
2	1	1	1

Gebäude Nr. ___

3 Ergänze die Baupläne.

1	2	1		

1	2			

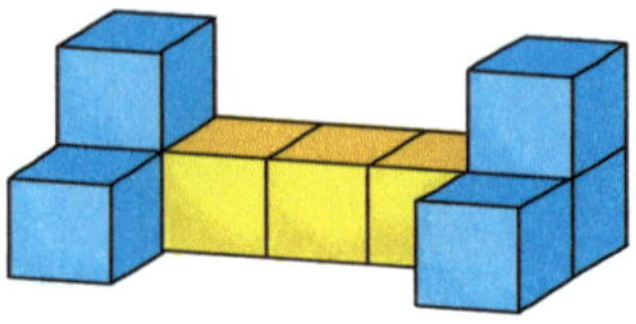

2	1			
1				

1 Anzahl der Würfel in den Würfelgebäuden bestimmen und eintragen. **2** Gebäude aus Nr. 1 den Bauplänen zuordnen, entsprechende Nummern eintragen und Baupläne färben. **3** Baupläne vervollständigen, fehlende Anzahlen eintragen.

SB 122–123 **KV** 104 39, 327–329

1 Wie alt ist jedes Kind?

Jonas ist 7 Jahre alt.
Maja ist 4 Jahre älter.

J ○○○○○○○
M ○○○○○○○○○○○

Jonas ist ____ Jahre und Maja ist ____ Jahre alt.

Clara ist 13 Jahre alt.
Tim ist 5 Jahre jünger.

C
T

Clara ist ____ Jahre und Tim ist ____ Jahre alt.

Ibo ist 6 Jahre älter als Leo.
Leo ist 5 Jahre alt.

Ibo ist ____ Jahre und Leo ist ____ Jahre alt.

Gina ist doppelt so alt wie Mia.
Mia ist 6 Jahre alt.

Gina ist ____ Jahre und Mia ist ____ Jahre alt.

Pia ist 14 Jahre alt. Pia ist 7 Jahre älter als Lisa. Jan ist 3 Jahre jünger als Pia.

Pia ist ____ Jahre, Lisa ist ____ Jahre und Jan ist ____ Jahre alt.

Tom ist 2 Jahre älter als Lina. Lina ist 5 Jahre alt. Alex ist 7 Jahre älter als Lina.

Lina ist ____ Jahre, Tom ist ____ Jahre und Alex ist ____ Jahre alt.

Lars ist halb so alt wie Sara. Sara ist halb so alt wie Till. Till ist 12 Jahre alt.

Lars ist ____ Jahre, Sara ist ____ Jahre und Till ist ____ Jahre alt.

1 Zu den Aufgaben Lösungsskizzen zeichnen und die Aufgaben lösen.

SB 124

Mit Gleichungen arbeiten

1 Verbinde die Bilder mit der passenden Gleichung und löse.

Marlon hat noch ____ Blumen übrig.

Amelie bekommt ____ € zurück.

Johanna hat ____ Ballons in den Händen.

$6 + 6 =$ ____

$15 - 5 =$ ____

$7 + 6 =$ ____

$20 - 17 =$ ____

2 Verbinde die Aufgaben mit der passenden Gleichung und löse.

Lukas hat 13 € im Sparschwein. Davon kauft er sich ein Auto für 5 €.

Lukas hat nun noch ____ € im Sparschwein.

Anne sammelt Tierbilder. Sie hat 13 Pferdebilder. Außerdem hat sie noch 5 Bilder mit anderen Tieren.

Anne hat insgesamt ____ Tierbilder.

Silas ist auf dem Flohmarkt. Von seinen 13 CDs hat Florian 5 CDs gekauft. 5 weitere CDs kaufte Merjem.

Silas hat nun noch ____ CDs.

$13 + 5 =$ ____

$13 - 5 - 5 =$ ____

$13 + 5 - 5 =$ ____

$13 - 5 =$ ____

1 Bilder den Gleichungen zuordnen. Gleichung lösen und das Ergebnis notieren. **2** Aufgaben den Gleichungen zuordnen. Gleichung lösen und das Ergebnis notieren.

SB 125

1

_	_	_	_
_ _	_ _	_ _	_ _
3 1 4	3 2 4	3 3 4	3 4 4

_	_	_	_
_ _	_ _	_ _	_ _
2 5 2	3 5 3	4 5 4	5 5 5

2

_	_	_	_
8 2	8 3	8 4	8 5
_ 1 _	_ 2 _	_ 3 _	_ 4 _

15	15	15	15
9 _	8 _	_ 8	_ 9
5 _ _	5 _ _	_ _ 6	_ _ 8

20	20	20	20
_ _	_ _	_ _	_ _
9 4 _	8 3 _	_ 2 9	_ 1 12

3 Setze zu Rechenmauern zusammen. Ein Stein bleibt übrig.

15, 10, 2, 5, 8, 7, 3

9, 7, 1, 17, 8, 2, 19

5, 3, 11, 1, 14, 2, 9

_	_	_
_ _	_ _	_ _
_ _ _	_ _ _	_ _ _

3 Mit Zahlenkarten arbeiten.

1 Welches Zeichen steht für welche Zahl?

★(blau) + 4 = 7 12 − ★(blau) = ♥(grün)	13 − ★(gelb) = 6 ★(gelb) − 6 = ♥(rot)	♥(blau) + 4 = 18 ★(grün) + ♥(blau) = 20	★(rot) + 13 = 15 ♥(gelb) − ★(rot) = 8
★(blau) 3 ♥(grün) 9	★(gelb) ___ ♥(rot) ___	★(grün) ___ ♥(blau) ___	★(rot) ___ ♥(gelb) ___

13 − ✿(gelb) = 8 ⌂(blau) − 6 = ✿(gelb)	19 − ✿(rot) = 2 ✿(rot) + 3 = ⌂(gelb)	✿(blau) + ✿(blau) = 18 13 − ✿(blau) = ⌂(grün)	✿(gelb) + ✿(gelb) = 16 ✿(gelb) − ⌂(rot) = ✿(gelb)
✿(gelb) ___ ⌂(blau) ___	✿(rot) ___ ⌂(gelb) ___	✿(blau) ___ ⌂(grün) ___	✿(gelb) ___ ⌂(rot) ___

2

● + ● = 16
2 + ● = ▲
⬢ − ▲ = 5
● + ■ = 12

(● rot, ▲ gelb, ⬢ grün, ■ blau)

■(grün) + ●(gelb) = 20
14 − ●(gelb) = ●(gelb)
■(grün) − ⬢(rot) = 4
●(gelb) + ⬢(rot) = ▲(blau)

● ___ ▲ ___ ⬢ ___ ■ ___ ■(grün) ___ ●(gelb) ___ ⬢(rot) ___ ▲(blau) ___

3

▲ + ▲ + ▲ = 3
16 − ⬢ − ⬢ = 10
▲ + ⬢ + ■ = 18
17 − ▲ − ■ = ●

(▲ rot, ⬢ blau, ■ gelb, ● grün)

⬢(gelb) + ●(blau) + ■(rot) = 18
■(rot) + ■(rot) + ■(rot) = 15
12 − ●(blau) − ●(blau) = 0
●(blau) + ⬢(gelb) + ▲(grün) = 17

▲ ___ ⬢ ___ ■ ___ ● ___ ■(rot) ___ ●(blau) ___ ⬢(gelb) ___ ▲(grün) ___

1–3 Zahlbeziehungen erkennen und zum Lösen der Symbolrätsel nutzen. Jede Form/Farbe steht dabei für eine Zahl. Die Lösungen auf die dafür vorgesehenen Linien eintragen. Die Kinder können die Zahlen als zusätzliche Hilfe auch direkt in die Formen notieren.

SB 128 **KV** 107

1 Wie heißen die Bären?

________ ________ ________ ________

1. Das sind Bruno, Max, Hugo und Zottel.
2. Der Bär mit der gelben Hose heißt Hugo.
3. Bruno und Zottel haben gestreifte Hosen an.
4. Bruno und Max sitzen nebeneinander.

2 Jeder Hut hat eine andere Farbe. Färbe.

Otto Leo Till Olli

1. Leo hat keinen grünen Hut.
2. Der dritte Clown von links hat einen blauen Hut.
3. Am Rand steht kein Clown mit einem roten Hut.
4. Leo steht neben dem Clown mit einem gelben Hut.

3 Jedes Kind hat eine andere Lieblingsfarbe.
Wer hat welche Lieblingsfarbe?

1. Eva mag rot.
2. Tom mag kein blau und kein grün.
3. Ron mag blau oder grün.
4. Ein Mädchen mag pink.
5. Ken mag kein blau.

wahr: + falsch: –

	rot	blau	pink	gelb	grün
Eva	+	–	–	–	–
Ron	–				
Ina	–				
Ken	–				
Tom	–				

1–3 Aussagen zu den Aufgaben aufmerksam lesen und zueinander in Beziehung setzen. Dadurch die jeweils gesuchten Zuordnungen finden und notieren.

Zehnerzahlen

1

10 20 30 40 50

dreißig sechzig zehn zwanzig vierzig

siebzig neunzig einhundert fünfzig achtzig

60 70 80 90 100

2

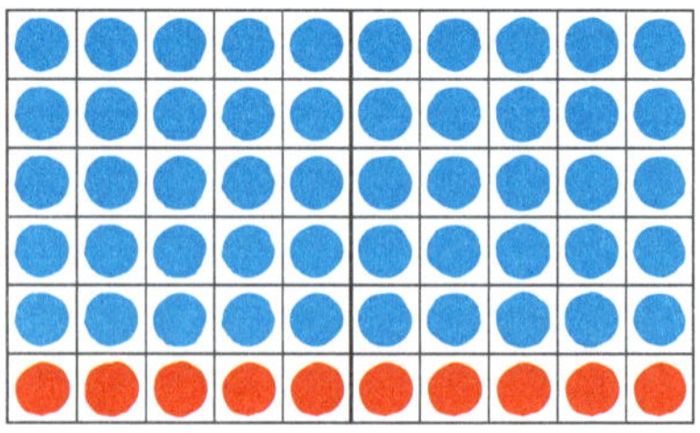

50 + 10 = ___

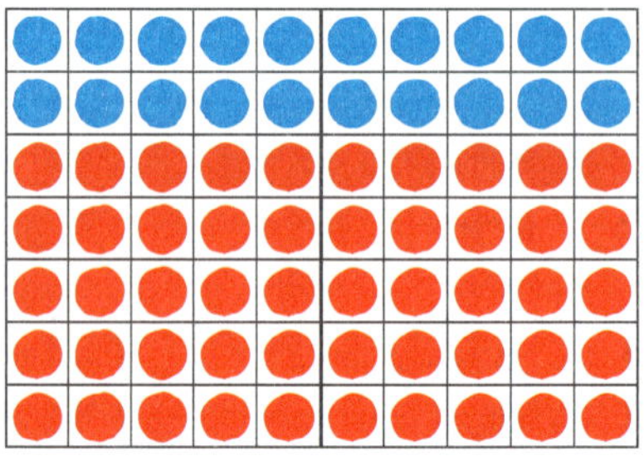

___ + ___ = ___

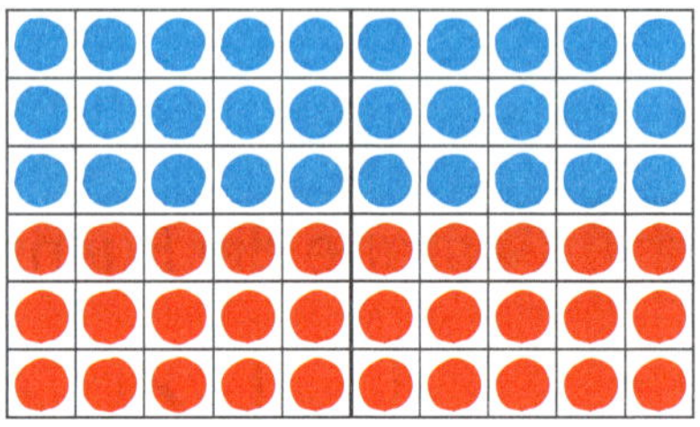

___ + ___ = ___

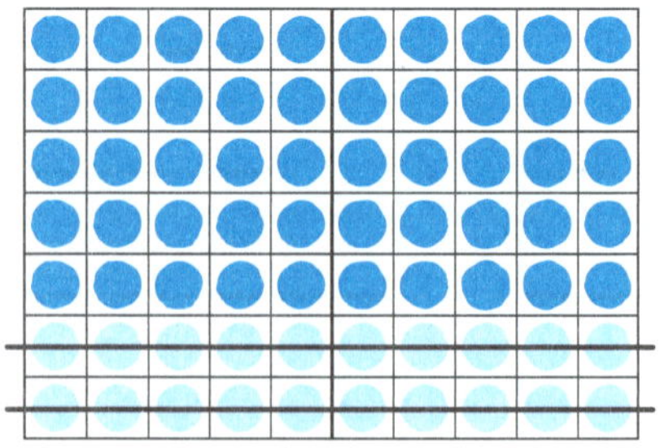

70 – 20 = ___

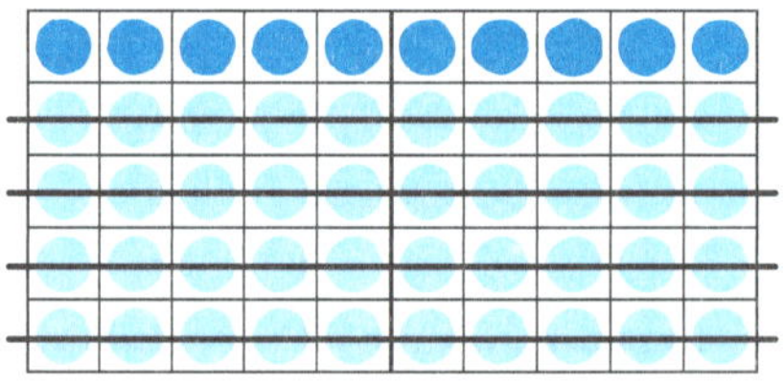

___ – ___ = ___

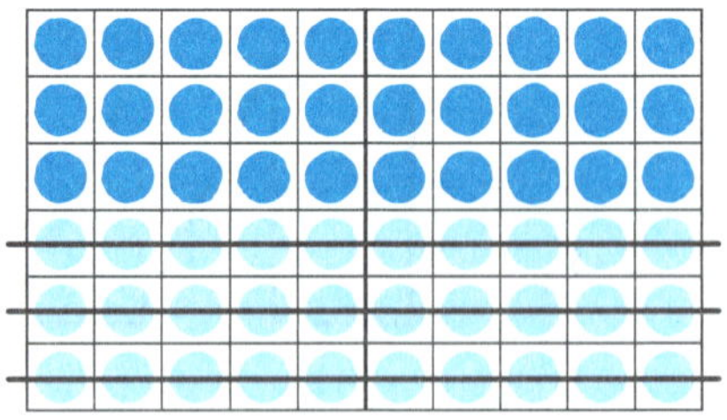

___ – ___ = ___

3

1 + 2 = 3	5 + 5 = ___	___ + ___ = ___
10 + 20 = ___	50 + 50 = ___	20 + 70 = ___
7 – 5 = ___	6 – ___ = ___	___ – ___ = ___
70 – 50 = ___	60 – 10 = ___	100 – 80 = ___
___ – ___ = ___	___ + ___ = ___	___ – ___ = ___
90 – 30 = ___	20 + 50 = ___	70 – 70 = ___

2 Zu den Punktdarstellungen Additions- oder Subtraktionsaufgaben mit Zehnerzahlen aufschreiben und lösen. **3** Zu den Additions- und Subtraktionsaufgaben mit Zehnerzahlen die Hilfsaufgabe erkennen und notieren.

SB 130 – 131 **KV** 67, 106, 108 81 – 87, 177 – 179

1 Gestalte den Elefanten.

2 Gestalte die Buchstaben.

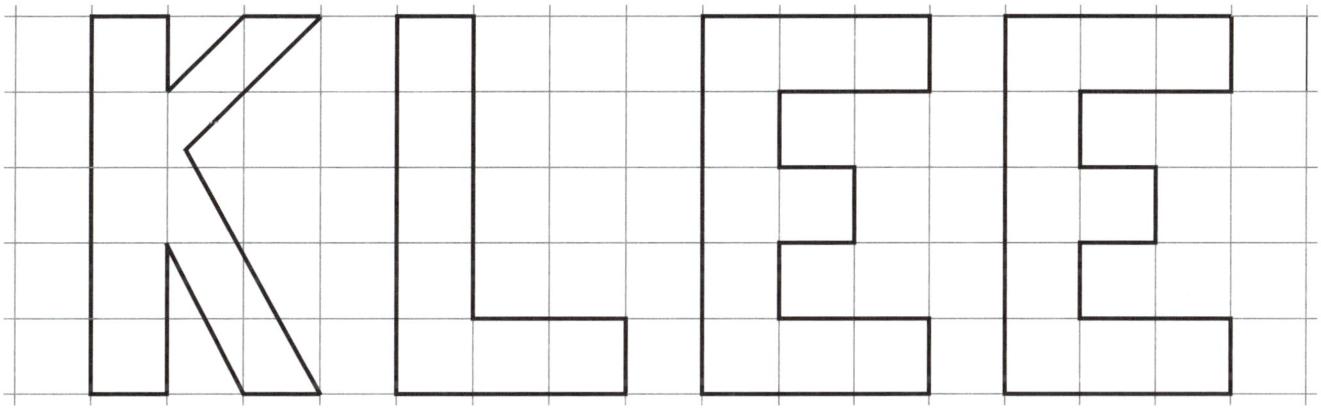

3 Gestalte ein Tier mit anderen geometrischen Formen.

1

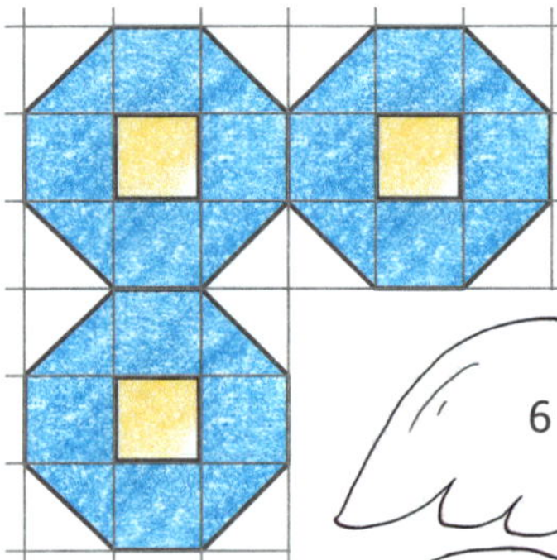

6+6
14−8
16−6−4
15−9
7+3+4
4+4+6
15−8
7+8
6+9
13−7
5+8
10+3
6+7
9+4
14−7
16−7
16−8
5+10
12−6
6+8
9+3
13−1−3
12−5
6, 9
12, 14
13, 15
7, 8